本论著系 2015 年国家社会科学基金重点资助项目"诚信制度内化为公民规范信念与行动自觉的机制、路径与保障研究"（批准号：15AZD019）的中期研究成果

丛书主编／袁祖社

观念会通与理论创新 丛书

# 消费社会诚信伦理秩序构建的可能性思考

袁祖社　张旭升　著

中国社会科学出版社

图书在版编目(CIP)数据

消费社会诚信伦理秩序构建的可能性思考 / 袁祖社，张旭升著. —北京：中国社会科学出版社，2019.12
ISBN 978-7-5203-5114-0

Ⅰ.①消… Ⅱ.①袁…②张… Ⅲ.①伦理学-研究-中国-现代 Ⅳ.①B82-052

中国版本图书馆 CIP 数据核字(2019)第 291987 号

| 出　版　人 | 赵剑英 |
| --- | --- |
| 责任编辑 | 朱华彬 |
| 责任校对 | 张爱华 |
| 责任印制 | 张雪娇 |
| 出　　版 | 中国社会科学出版社 |
| 社　　址 | 北京鼓楼西大街甲 158 号 |
| 邮　　编 | 100720 |
| 网　　址 | http://www.csspw.cn |
| 发　行　部 | 010-84083685 |
| 门　市　部 | 010-84029450 |
| 经　　销 | 新华书店及其他书店 |
| 印刷装订 | 北京君升印刷有限公司 |
| 版　　次 | 2019 年 12 月第 1 版 |
| 印　　次 | 2019 年 12 月第 1 次印刷 |
| 开　　本 | 710×1000 1/16 |
| 印　　张 | 14.5 |
| 插　　页 | 2 |
| 字　　数 | 163 千字 |
| 定　　价 | 88.00 元 |

凡购买中国社会科学出版社图书，如有质量问题请与本社营销中心联系调换
电话：010-84083683
版权所有　侵权必究

# "观念会通与理论创新丛书"编委会

主　编　袁祖社

副主编　许　宁　石碧球

编委会　刘学智　林乐昌　丁为祥　寇东亮

　　　　宋宽锋　戴　晖　庄振华

# 总　　序

哲学发展史的历程表明，任何最为抽象的哲学观念、哲学理论的提出，在归根结底的意义上，都有其深厚的人类生存与生活的根基，都是对于某种现实问题的回应、诠释和批判性反思。马克思指出："任何真正的哲学，都是自己时代的精神上的精华，……哲学不仅在内部通过自己的内容，而且在外部通过自己的表现，同自己时代的现实世界接触并相互作用。……各种外部表现证明，哲学正在获得这样的意义，哲学正变成文化的活的灵魂。"[①] 马克思的上述论断深刻地表明，任何一个富有时代气息和旺盛的生命力哲学，都担负着时代赋予它的使命，都必须回答时代提出的最根本问题，都必须密切关注、思考和回答现实中提出的重大问题。

置身"百年未有之大变局"，当此人类文明转型的新的历史时期，当代世界正在发生广泛而深刻的变革，当今中国也正在经历更为全面、更为深层次的社会转型。面对愈益复杂的历史变迁格局，如何运用哲学思维把握和引领这个大变革、大转型时代，是重要的时代课题。

---

① ［德］马克思：《〈科隆日报〉第179号的社论（1842年）》，载《马克思恩格斯全集》第1卷，人民出版社1995年版，第220页。

本套丛书的选题，从论域来看，涵盖了中国哲学、西方哲学、马克思主义哲学、伦理学、科技哲学等多个学科。本套丛书的作者，均是陕西师范大学哲学系一线教学科研人员，多年来专心致力于相关理论的研究，具有深厚的哲学理论素养和扎实的学术功底。

本套丛书的鲜明特点，概括起来，主要有以下四个方面：

1. 倡导中西马的辩证融通与对话。丛书编辑的主题思想，在于倡导中国哲学、西方哲学、马克思主义哲学在哲学观上的会通。随着经济全球化，哲学在精神领域从过去的各守门户、独持己见而开始走向融通、对话与和解。不容否认，中国传统哲学、西方哲学、马克思主义哲学在理解世界、认识人类发展命运上都独具自己的认识和思考。中国传统哲学、西方哲学和马克思主义哲学是横向层面的哲学形态，它们之间不是简单的相加和并列关系，而是一种"互补互用"的互动关系。中国传统哲学的整体性思维，对理解世界与科学的复杂现象提供了具有中国文化精神特质的历史思维渊源；西方哲学则从个体性、多样性，多角度地阐释科学人本内涵的复杂性和深刻性；马克思主义哲学基于"全部社会生活在本质上是实践的"的科学论断，以"问题在于改变世界"的姿态，深入而全面地阐述了人及其实践与世界关系的理论，努力推动哲学由传统向现代形态的转变。随着中国现代化步伐的加快，中国哲学界的主体意识的觉醒，迫切需要通过中西哲学的对话，以及现代与传统中国思想之间的融通，找到一条适合当代中国哲学未来发展的路径，探寻哲学创新的突破口。

2. 返本与开新并重基础上的创新努力。在研究方法上，本套丛书的作者们严格遵循"立本经"、求"本义"宗旨，力戒空疏的抽象诠释，务求"实事求是"的学风和求真、求实的治学精神，从而在新的时代和语义环境中实现返本开新意义上的当代哲学创新。创新是一个艰深的理论难题，其目的在于以新理念、新视角、新范式、新理解、新体会或新解释等形式出现的对时代精神的高度提炼和精准把握。无疑，思想、时代与社会现实是内在地统一在一起的。换言之，只有切入时代的思想，从问题意识、问答逻辑、问题表征和问题域等方面展开对问题范式内涵的分析，才能真正把握社会现实的真谛。同时，也只有反映社会现实的思想，才能真正切入时代。"问题范式"内含于"哲学范式"中之中，以问题导向展现研究者的致思路径，通过对时代问题的总结归纳，实现从不同视角表达哲学范式及范式转换的主旨。本套丛书分属不同的哲学研究领域，涉及不同的思想主题，但其共同的特点在于，所有的作者要么是基于对于特定问题研究中一种约定俗成的观念的质疑，要么是致力于核心理念、研究范式的纠偏和，要么强调思维逻辑的变革与创新。

3. 敏锐的问题意识与强烈的现实关切情怀境界中的使命担当。对哲学和现实关系问题的不同回答，实质上是不同时期的哲学家各自立场和世界观的真实反映。基于现实问题的基础理论探讨，本套丛书着眼于现实问题的多维度哲学反思，致力于文明转型新时期人类生存与生活现实的深刻的哲学理论思考与精到诠释，力求在慎思明辨中国实现以问题为导向的对"具体"现实问题的理论自觉。中西哲学史的演进史表明，一种具有深刻创见的哲学理论和观念的出场，都是通过回答时代提出的问题，客观地正视现实、理解现实、推动现实，务求真正把哲学创新落到实处。在这方面，马克思主义经典作家堪称典范。马克思所实现的哲学观变革，所确立的新的哲学观，是对社会现实进行无情批判的"批判哲学"，变革了以往哲学的思维范式，提升了人类哲学思维的境界，开辟了关注现实个体之生活世界的"生活哲学"；关注现实人的生存境遇与发展命运的"人的哲学"；改变现存世界的"实践哲学"；不断修正和完善自己理论的与时俱进的哲学；善于自我批判和自我超越的开放哲学。

4."辨章学术，考镜源流"的治学规范与学术理性坚守。"辨章学术，考镜源流"出自《校雠通义序》："校雠之义，盖自刘向父子部次条别，将以辨章学术，考镜源流。非深明于道术精微、群言得失之故者，不足语此。"在中西文化交流中，梁启超有感于"中体西用论"和"西学中源论"的争辩，用于变革传统的"学术"概念，梁启超指出："吾国向以学术二字相连属为一名辞（《礼记》乡饮酒义云：'古之学术道者。'《庄子·天下篇》云：'天下之治方术者多矣'。又云：'古之所谓道术者，果恶乎在？'凡此所谓术者即学也。惟《汉书·震光传》赞称光不学无术，学与术对举始此。近世泰西学问大盛，学者始将学与术之分野，厘然画出，各勤厥职以前民用。试语其概要，则学也者，观察事物而发明其真理者也；术也者，取所发明之真理而致诸用者也。例如以石投水则沉，投以木则浮，观察此事实，以证明水之有浮力，此物理也。应用此真理以驾驶船舶，则航海术也。"[①] 论及"学"与"术"之间的关系，梁启超指

---

① 《梁启超全集》第四册，北京出版社1999版，第2351页。

出:"学者术之体,术者学之用,二者如辅车相依而不可离。学而不足以应用于术者,无益之学也;术而不以科学上之真理为基础者,欺世误人之术也。"[①] 梁启超既不赞同一味考据帖括学,皓首穷经,而不能为治世所用的做法,同时也反对那种离学论术,模仿照抄他人经验的学舌之术。

袁祖社　谨识

2019 年 12 月

---

① 《梁启超全集》第四册,北京出版社 1999 版,第 2351 页。

# 写在前面

　　诚信在中国文化中是一个占核心地位的道德范畴。孔子是中国历史上最伟大的思想家之一，其主要思想反映在《论语》一书中，孔子的诚信思想蕴涵在他的伦理思想之中。孔子认为，要做"仁人"，不仅应该拥有孝、悌、忠、恕的社会道德，而且也应该具有恭、宽、信、敏、惠的个人道德。

　　西方社会迈向现代化的进程中，伴随着由"身份社会"向"契约社会"的转变。伴随着这一不断深入的文明进程，通过文艺复兴、启蒙运动的洗礼，个体自身渐渐获得了独立性与自主性，具有一定选择的自由和权利，个体之间平等的交往关系伴随着商品经济的发展而不断扩展。其结果，促使西方社会将信任不断扩展到陌生人的广阔空间去，为契约关系的形成打下了基础。在以契约为基础的交往关系中，双方的利益、需求、目的等都是直接表达出来的，契约双方是平等的，并有外在力量进行约束。人们往往出于自我利益的考虑，加上契约的外在约束机制，会自觉遵守自己的诺言。美国当代著名思想家福山在其著作《信任——社会美德与繁荣的创造》一书中，通过严密地分析，证实了诚信作为一种社会美德对一个社会的现代化进程所起的作用非常重要和巨大。在今天的西方发达国家，"市场经济的灵魂就是诚信","诚信是最好的竞争手段"等理念已经家喻户晓并深入人心。

改革开放以来,中国特色社会主义市场经济体制的确立,人们从"单位人"转变为"市场人",独立"经济人"的意识不断增强,个人利益得到了充分尊重。与此同时,市场经济追求利益最大化的原则,给整个社会的伦理文化和道德价值观带来巨大的冲击,致使一些人的价值观产生扭曲。个人利益成了唯一的目的和追求,少数利欲熏心的人为了快出名、快发财,置诚信于不顾,不择手段,甚至以犯罪的手段来达到目的,导致诚信危机越演越烈。尼布尔深刻地指出了此种情形存在的根由:"个体的理性与道德的日益增长,并不能保证这种理性与道德能够扩充到足以使大多数的个人理解他们生活在其中的整个社会状况。理性能够限制自我的利己倾向,但是,同样的理性力量又必然会证明利己的正当性,并且承认利己冲动力量的强大,实际上也赋予了利己一种在非理性的自然中不曾具有的力量。"[①]

进入新时期以来,每年的"3·15"晚会,都有一些不合格的无良企业的黑幕展现在大众面前:饿了么将网络变成虚假宣传的摇篮;车易拍搭建价格双重标准;低合格率海淘产品一样卖出高价;连我们常用的凭靠信用度来积攒人气的淘宝店铺都可以作假,通过金钱刷"信用"……这些消费现状着实令人担忧。不诚信经营、欺诈行为等已经渗透到传统消费和新型消费的每个环节,面对此情此景,我们应该如何守住诚信的底线,

---

① [美]莱茵霍尔德·尼布尔:《道德的人与不道德的社会》,蒋庆、王守昌、阮炜等译,贵州人民出版社2007年版,第250页。

构建良好的消费环境？客观的情形是，现代市场经济社会的发展，造就了新的消费生态，其中生产者、消费者、监管者三者的关系更加复杂，这就需要三方进一步明确在塑造良好生态中的定位和作用，通过良性的诚信互动，共同营造诚信守法的消费新生态。诚信是生产者的底线。人们衣食住行的背后是一个个企业的存在，企业的良心生产是百姓安心使用的前提；同时，企业的背后是一个个消费个体的支撑，给消费者良好的用户体验是企业赖以生存的依据，诚信是良性互动的前提，唯有诚信，企业才能发展，这是底线，不是要求。同时，在消费的生态中，生产者和消费者的身份可以相互转换，生产者也是消费者，用不诚信欺诈消费者，受害的也是生产者本身。

消费社会诚信伦理秩序构建的问题，是新时代社会道德建设的重要内容。就消费社会而言，诚信是社会主义市场经济发展的道德基础，是市场各主体之间、生产者和消费者之间依照规范承担责任、履行义务、享受权利。诚实和守信，相互联系、相互依赖、相互作用、相互转化，是一个统一的整体。诚实是守信之后所表现出来的品质；守信是诚实的依据和标准。消费社会，又称为"技术社会""后工业社会""后现代社会"，是指生产相对过剩，需要鼓励消费以便维持、拉动、刺激生产，物质极大丰富的社会形态。让·波德里亚称消费社会是一个神话般的结构，它首先是一个物质充盈的世界，"我们生活在物的时代，根据它们的节奏和不断替代的现实而生活"[①]。然而，堆积与丰盛是虚假的，这是"显而易见的过剩、对稀有之物的否

---

① [法] 让·波德里亚：《消费社会》，刘成富、全志钢译，南京大学出版社2000年版，第2页。

定以及对奢华的狂妄自负，其实每个人只购走物品的一部分，是对商品的重复借代过程塑造了一种节日的形象"①。消费社会其实是一种符号关系社会，符号虽然控制着人类，但是符号也是人类自己制造出来。让·波德里亚早就提醒我们："虽然我们尝试使我们的家庭生活符合电视画面所展现给我们的幸福家庭的样本，然而这些家庭仅仅是我们自己对所有家庭的一个有趣的综合而已。"② 既然如此，消费社会中人与人的关系演变为人与符号的关系，甚至可以说是符号与符号的关系。正如福柯所言：符号控制着社会文化的语言、感知机制、交流、技巧、价值和实践的等级，符号一开始就为每个人确立了经验与秩序。符号形成了区隔，无论对哪种符号的认同，都是在向某种范例趋同，通过符号这种抽象系统，人们完成着自我区分与社会认同。因此，与其说我们相信彼此，不如说，我们相信符号。符号信任维持着人们之间的符号互动，每个人通过在互动中学习到的有意义的符号发展自我。在符号互动中，慢慢学会在社会允许的限度内行动。人们隔着符号，带着距离在消费中交流，并在激情与眩晕地构建着的符号系统中产生安全感。背靠着符号信任，我们才能诗意地栖居在消费社会中，并无可避免地强化了消费社会的符号关系结构。消费社会中，人们的工作、生活完全不同于以往。人们为了追求经济增长，在全球范围内穿梭，居无定所。雇佣者几乎不再为有能力的雇员提供稳固不变的就业机会，而是每个人都可以为自己另谋高就。在人类历史

---

① ［法］让·波德里亚：《消费社会》，刘成富、全志钢译，南京大学出版社2000年版，第2页。
② 同上。

上，个人第一次成了社会再生产的基础单位，创造了消费社会令人瞠目的增长神话。人们对于物质的崇拜，对于日常生活的迷恋，对于Logo身份、身体视觉的崇拜心理上升到无以复加的地步。主体性在破碎，道德秩序遭遇全面冲击，对于消费欲望无法控制的癫狂，严重扰乱了正常的社会伦理秩序。有学者指出：历史上诚实信用曾长期以商业习惯的形式存在，它作为成文法的补充对民法关系起着调节作用。到19世纪末，毫无限制的契约自由和放任主义使得社会经济生活动荡不安，为了协调各种社会矛盾，立法者开始注重道德规范的调节作用，将诚实信用从道德规范引入法典。"第二次世界大战后，各发达国家及地区进入现代化市场经济时期，社会关系更加复杂，各种新型案件增多，使立法者穷于应付，其结果是诚实信用原则的一再提高。"①

2019年是"消费维权年"，其主题为"信用让消费更放心"，可谓抓住了消费领域的优良的伦理文化与诚信道德价值观建设的痛点。令人可喜的是，近年来，中国特色社会主义社会信用体系建设得到高度重视，在社会各界的共同努力下不断进步，联合惩戒措施应用范围持续拓展、联合奖惩机制实施成效不断扩大、信用信息归集共享总量大幅增长、统一社会信用代码制度全面实施。同时也要看到，伪造信息刷好评、把高仿当正品来销售、一些产品或服务信息"陷阱"多……现实生活中，消费领域假冒伪劣、虚假宣传、缺斤少两等损害消费者权益的情况时有发生，经营者信用状况与放心消费、安全消费、快乐

---

① 张晨、王家宝：《法律道德化和道德法律化》，《政治与法律》1997年第5期。

消费的标准还有距离，也阻碍着消费潜力的进一步释放。为信用消费体系建设保驾护航，既要强化制度设计，也要重视末端治理。调查报告里有一处细节，98.3%的受访者面对经营者失信或违法违规行为会采取维权行动，超过一半的受访者建议将经营者严重失信行为"列入信用'黑名单'"。这说明必须加快建立覆盖全社会的征信系统，完善守法诚信褒奖机制和违法失信惩戒机制，让败德违法者受到惩治、付出代价，使人不敢失信、不能失信，创建安全放心的消费环境，营造诚实守信的消费氛围。

人类伦理文化实践和个体道德心智成长的历史告诉我们，在建立伦理关系上，人类共同体遇到的困难比个人遇到的困难大。2019年中共中央、国务院颁发的《新时代公民道德建设实施纲要》中明确指出："在国际国内形势深刻变化、我国经济社会深刻变革的大背景下，由于市场经济规则、政策法规、社会治理还不够健全，受不良思想文化侵蚀和网络有害信息影响，道德领域依然存在不少问题。一些地方、一些领域不同程度存在道德失范现象，拜金主义、享乐主义、极端个人主义仍然比较突出；一些社会成员道德观念模糊甚至缺失，是非、善恶、美丑不分，见利忘义、唯利是图，损人利己、损公肥私；造假欺诈、不讲信用的现象久治不绝，突破公序良俗底线、妨害人民幸福生活、伤害国家尊严和民族感情的事件时有发生。这些问题必须引起全党全社会高度重视，采取有力措施切实加以解决。"当今时代是一个信息时代，高科技及互联网把各个国家连为一体，公民对信息接手及世界事物的参与度也在增强。基于诚信道德建设的伦理思考的本质，关切的是通过有效的道德实践，拂去一切消费神话的泡沫和谎言，促成现代市场社会道德个体之优良的心性秩序和健全的道德人格的养成问题，本论著的核心主题和学术努力，正是为了这一目标的实现所做的有限努力。

谨 识
2019 年 12 月

# 目　　录

导言：诚信伦理秩序建构的基本论述 …………………… 1
 一　诚信伦理的概念及特征 ……………………………… 3
 二　市场经济中的信用危机 ……………………………… 7
 三　建构社会诚信伦理的有效途径寻探 ………………… 11
 四　消费社会诚信伦理秩序建构的意义诉求 …………… 14

## 第一部分　消费社会呈现的伦理状态

第一章　消费社会的伦理性寻探 ……………………………… 23
 一　消费本位主义的围困 ………………………………… 24
 二　消费社会的增长神话 ………………………………… 29
 三　消费社会伦理秩序的日常化转向 …………………… 34

第二章　消费社会物化崇拜的伦理状态 ……………………… 39
 一　物化崇拜：商品社会的伦理取向 …………………… 39
 二　Logo崇拜：身份认同的伦理象征 …………………… 47
 三　身体崇拜：视觉主宰的伦理判断 …………………… 57

第三章　消费社会伦理存在的碎片化呈现 …………………… 72
 一　主体性的破碎 ………………………………………… 73
 二　道德性的碎片化呈现 ………………………………… 82

三　消费的癫狂 ………………………………………… 87

## 第二部分　消费社会伦理秩序建构的基础

第四章　消费社会伦理秩序维系的主观根源 …………… 95
　　一　爱与血缘关系：伦理秩序的生命之端 …………… 95
　　二　身体、安全、区域差异：消费社会伦理秩序
　　　　社会呈现 …………………………………………… 101
　　三　尊严的维护：消费理性的自我估价 ……………… 107

第五章　消费社会伦理秩序建构的客观基础 ……………… 111
　　一　他者——自我存在的伦理对象 …………………… 111
　　二　对话——建构自我和社会伦理关系的道德方式 …… 116
　　三　符号——秩序在公共领域的伦理性引导 ………… 122

第六章　消费社会伦理秩序建构的现实性基础 …………… 127
　　一　生存实践的伦理性基础 …………………………… 127
　　二　多元化表达的现实性诉求 ………………………… 132
　　三　主体感知秩序的建立与共享 ……………………… 137

## 第三部分　消费社会诚信伦理秩序建构的基本模式

第七章　基于数字时代游戏规则的伦理设想 ……………… 146
　　一　令人着迷的游戏规则 ……………………………… 146
　　二　数字时代的诚信伦理 ……………………………… 151
　　三　大数据时代的伦理秩序 …………………………… 155

第八章　当下中国社会伦理秩序的建构 …………………… 159
　　一　诚信资本的道德是可能的吗？ …………………… 160

二　遵守与违背：中国人的实用理性 …………………… 166
　三　社会主义市场经济中的伦理建构 …………………… 169

第九章　诚信伦理的文化性融合 ……………………………… 175
　一　消费时代文化的伦理性整合 ………………………… 176
　二　社会伦理秩序的融合性发展 ………………………… 179
　三　诚信伦理整合的叙述艺术 …………………………… 184

第十章　结语 …………………………………………………… 189

参考文献 ………………………………………………………… 204

# 导言：诚信伦理秩序建构的基本论述

"一个社会是否和谐稳定，一个国家是否安全，既取决于国家的硬实力，如经济实力、技术实力等，也在很大程度上取决于国家的文化软实力，如民族精神感召力、民族凝聚力、意识形态的整合力、全民族的思想道德素质……一个国家如果失去了意识形态领域内统一的指导思想，社会就会陷入一盘散沙。"[①]全球经济的一体化使得世界各国的思想文化交流、交融和交锋频繁，在思想文化领域内的斗争更加深刻复杂。中国经过四十多年的改革开放，资本和金钱的逻辑已经渗透到社会的方方面面，这些思想改变着人们原有的价值观、存在感和对国家的认同感与归属感。加之，拜金主义、虚无主义、极端个人主义等的盛行，我国市场经济中的恶性竞争、信贷危机等造成的损害消费者利益、危及消费者生命安全和社会公共领域出现的种种社会公德丧失等社会问题，严重危害人民生命安全和共同利益。人们在这个时代感到迷惑、无所适从，甚至恐慌。人与人之间缺乏信任、政府失信于民、经济主体无信借贷造成社会资金的巨大损失等，这些已经成为中国社会发展中最突出的问题。建

---

① 王月红：《社会主义核心价值观与中国软实力》，中国经济出版社2014年版，第180—181页。

构诚信伦理秩序就是在这样的社会背景下，企图建立可靠的社会诚信系统，规整社会诚信体系，使得素有重信重义民族特点的中华民族重构优良的诚信伦理秩序，使其在新时期社会主义市场经济中成为主流的思想价值观，引导市场和社会走向积极、健康的方向。使人们在新时期的诚信伦理秩序中，能见贤思齐，时时调整，处处对照，遵守社会诚信秩序，恪守诚信伦理道德，内化诚信伦理文化，使中国市场经济和社会发展进入一种稳定、可靠、相互信任的良性循环中。

"社会诚信是社会制度和文化规范的产物，是建立在法理（法规制度）或伦理（社会文化规范）基础上的一种社会现象。社会诚信又可划分为两种：法制性的社会诚信和道德性的社会诚信。法制性的社会诚信是依靠法规制度来建立的。人们之所以诚信，是因为受到法规制度的制约，之所以不敢背信弃义，之所以信任他人，是因为相信这些社会机制的有效性。道德性的社会诚信是社会文化规范的产物，人们之所以诚信或信任他人，是因为社会文化倡导诚信的道德规范和价值观念，并得到人们的认可和内化。"[1] 社会诚信由这两部分组成，社会诚信的伦理秩序也必然要从这两部分来建立。涉及法理层面的诚信规则此书不做过多论述，主要从道德伦理和社会文化层面来论述社会诚信伦理秩序建构的问题。在国家强调法治与德治兼而治之的制度导向下，道德伦理秩序的研究和论述作为与法理层面相互依存的社会文化形成的主体部分，显得尤为重要。

---

[1] 李桂梅：《诚信的类型分析》，《中共长春市委党校学报》2005 年第 3 期。

## 一　诚信伦理的概念及特征

1. 诚信及诚信伦理的概念

"诚",是诚实诚恳、真心实意的意思。孟子说:"诚者,天之道也,人之道也。""信"是信用、信任,表现为不疑,不欺,是内诚的外化。人与人之间要"内诚于心""外信于人"。孔子把诚信作为仁的一种重要表现,要求"敬事而信""谨而信"。人将内心的诚,化为外在的信,从而实现诚信。

从伦理学的视角来看,诚信即参与社会和经济活动的人们之间建立起来的以诚实守信为基础的践约行为。他们履行承诺,承担相应的义务,表现出诚实守信的道德品质。从经济学的视角来看,信用是通过契约关系,提供商品或资金服务,并保障资金回流和增值的活动。它是一种经济利益关系,表现为经济领域内的借贷和延期支付等行为。

从诚信伦理的社会表现分,可将诚信伦理分为社会经济领域的诚信伦理、社会政治领域的诚信伦理以及社会道德领域的诚信伦理等多方面的内容。经济诚信是经济领域中的社会信用关系和现象。"信用伦理是指人们在认识和处理经济、政治、文化等各种社会关系时必须坚持的以相互信任、遵守诺言、履行义务为核心内容的伦理理念、道德规范和行为模式。信用伦理以经济、政治、文化等各种诚信关系为载体,并反映这些信用关系的价值要求,体现着特定主体的道德立场和伦理态度。"① 以市场为导向的经济秩序是崇尚公平、信用的社会经济秩序，诚信是其最好的竞争手段。经济诚信的基本规范是公平竞争。政治诚信是政治领域中的社会诚信关系和现象。它是国家政府政治理念、政治规范、政治原则等的诚信体现。包括立法诚信、行政诚信、司法诚信。要求在立法上能兼顾社会各阶层和团体利益，行政方面能按照法律制度进行社会管理，并在不同利益群体发生纠纷和争端时，能公正评判。道德诚信是指社会思想文化领域内诚信关系和现象的总体性呈现。为了满足人的精神交往、社会活动等方面的需要，人与人之间必然产生精神与文化层面的交流，在交流过程中必然发生诚信交往的关系。这种关系在社会历史中随着社会进步不断沉积发展，形成一定的模式和样态，以特定时期社会道德的方式呈现，被人们认同和宣扬。

2. 当下诚信伦理的时代特征

每一种道德文化在历史进程中都在一定的阶段呈现相应的时代特征。在消费时代，经济信用方面的问题表现得尤为突出，社会中许多问题表现为经济行为中信用的缺失。另外，一些政府官员以权谋私，不顾国家和集体财产受损，造成恶劣的社会影响，使得政府严重失信。消费时代的来临，使得以农业为主的传统社会模式被打破，社会人员流动频繁，传统熟人领域中信用文化的强大约束力也随着时代的变化逐渐消失。

具体说来，当下中国社会的诚信伦理特征可概括如下。

首先，对传统诚信伦理的摒弃与传承。虽然时代在变迁，

---

① 葛晨虹、朱海林：《伦理诚信与诚信伦理——兼论当前我国诚信建设的基本途径》，《江西社会科学》2006 年第 9 期。

但是人们对传统儒家诚信道德的观念依然有牢固的认识。中华民族形成的真诚不欺、信守承诺的道德心理和交往原则，在乡土社会依然有着熟悉到不假思索的可靠性。在某种程度上来讲，传统诚信观念的根深蒂固，对现代社会诚信伦理建构起着积极的作用。"从信息时代伦理危机发生原因的追究上，可以看出伦理重建不可能在既有的道德观念与行为方式上进行。在此，传统伦理呼之欲出。一方面，当代社会政治经济的外在治理依然是这种重建的坚实基础。但是另一方面，传统伦理已成为伦理整合或重建最有用的资源。"① 当下，东西部发展不平衡，社会发展水平差异巨大，致使西部和不发达地区依然保有相对封闭的乡土社会的伦理特征。在这些区域，消费时代信息已经涌入，一些活跃的人已经吸收了时代的信息。另一部分人依然保有固有的传统道德观念。本书不致力于研究中国社会发展的差异及道德水平差异，因此不多赘述。儒家伦理以人的非功利性道德自觉为行为的动力和依靠，对公共领域的道德调整规范关注较少，是一个重私德胜于讲公德的相对封闭的伦理规范系统。而对于社会交往频繁的消费社会，尤其是经济交往频繁的时代，私德已被公德替代，社会评价机制也只关注公德，私德似乎已经没有可被评判和认可的空间。但即使是在消费社会，非功利性的道德自觉依然是道德自律的出发点。这在消费时代也不能被忽视和抹杀。

其次，相互协商调节着交易活动，从而最大限度地达到公平及诚信。在消费社会人的道德自觉性被形形色色的信息和欲

---

① 任剑涛：《道德理想主义与伦理中心主义 儒家伦理及其现代处境》，东方出版社2003年版，第287页。

望冲击、刺激，使得人们在做出道德判断时犹豫不决，甚至迷惑。这种犹豫不决和迷惑造成道德现象的混乱、失序。另外，诚信伦理从个人修身的道德层面逐渐向社会责任和义务的制度层面转化。在社会交往范围急剧扩大的情况下，社会诚信已经从个人道德上升为一种社会准则，在责任与义务的关系下，要求社会成员和团体履行社会诚信。在自由交易活动中，双方达成尊重相互权利的承诺、协议和规范，并在协议中规定惩罚和仲裁的条款。在一种普遍而公平的权利规范体系中，扩展生产和交易秩序。尽管"交易会意味着嘈杂声、音乐声和欢乐声搅成一片，意味着混乱、无秩序乃至骚动"，但它是一个商人自由联合的组织。在这种组织中，商人通过谈判达成交易协议，寻找和创设各种保护协议来降低风险。

最后，在诚信自律与他律共同作用下，才能建构有中国特色社会主义诚信伦理秩序。虽然诚信伦理在文化方面多表现为一种主体性的内在自律，需要道德、信念等内在力量自觉约束，但对于目前社会来说，还是需要通过制度和法律的硬约束来逐步实现。因此，消费时代要构建信用伦理秩序，就必须有外在性、他律性和强制性的特点。它是一种制度伦理规范。尤其在经济信用制度、政治信用准则方面，带有很强的法律规范性。这种法律规范性要求建构的制度伦理规范是一种普遍性的社会规定，它将社会主体一视同仁，用制度和法律提供的外部保障来确保诚信伦理秩序的建构和维护。只有在法律的层面上做基本的要求和约束，诚信伦理在消费社会体系中才能建构起来。诚信伦理的法律化使人们的行动有了可预期性。对人们行动权利的限定，使得人们在权利范围内的行动受到法律保护，并对超越这一范围的行动予以制裁,从而使信任的范围得以扩展,使陌生人之间的交易活动可以有保障地开展。

## 二 市场经济中的信用危机

目前,中国社会正面临的诚信危机、信用缺失现象,突出地表现在经济领域并向其他领域辐射蔓延,进而渗透到社会生活的方方面面。市场经济是信用经济,诚信是整个市场机制运行的基础。一旦诚信出现危机,整个市场将面临倒塌的危险。

企业生存需要市场,市场秩序需要诚信,企业的健康发展更需要诚信作为支撑。但是,在利益面前,很多企业为了获取高额利润,不惜抛弃诚信,利用市场经济漏洞,投机倒把赚取黑心钱。如前些年发生的三聚氰胺、瘦肉精、塑化剂、地沟油等食品安全问题,以及网络诈骗、贩假车票、医疗欺诈等,已经越过道德,触犯了法律,构成了犯罪。另外,政府拖欠工程款、官员不诚信,贪污腐败,行贿受贿,通货膨胀、房价泡沫等,使政府也严重失信于民。

1. 信用制度潜藏的社会危机

在经济领域,信用可分为商业信用、银行信用、公共信用及国际信用。商业信用是从事再生产的资本家之间互相提供的信用,这是信用制度的基础。表现为有一定支付期限的债券,延期支付的证书。银行信用,是银行向资本家提供的信用,作为信贷资本运动的中介,提供信用来清偿贷进和贷出的差额,能广泛吸收社会的闲置资金,提供数量更大、时间更长、范围更广的信用。公共信用,为国家信用、国债制度等。国际信用是信用在世界市场的发展，建立又加强了各国之间的经济联系。①

　　信用对资本经济发展有很大的促进作用，通过信用手段的调节，可以有效调剂资金余缺，将社会生产纳入更合理、有序的秩序中。然而，也正是信用在资本逻辑中的参与，使得其本身潜伏了种种危机。一方面，信用因素的加入，可以打破资本的约束和限制，突破资本积累的瓶颈，为资本膨胀创造条件。但是另一方面，信用也会使市场造成虚假繁荣，并陷入危机。一旦某个链条上的资本运行出现了信用危机，便会波及整个资金链。因此，通货膨胀和信用危机在消费与信息社会尤其具有杀伤力。在消费社会和信息社会高度发达的市场经济背景下，建立完善的信用制度，应用有效的信用监管，将使资金链上的信用风险降到最低。

　　2. 信用范畴的去伦理化现象

　　消费社会，人们在经济生活中接触的信用概念，已毫无伦理的范畴可言。它已经被简化为一种纯粹的经济手段，成为一种社会交易方式。社会诚信以一种签订合同的方式得以维系。包括学生考试都要签一份诚信合同。这种诚信虽基于公平协商的基础，但实质上却是出于自身利益考虑，最大限度保护自身利益，而并非真正出于互惠合作的道德心理。一些机会主义者，不惜利用违约等手段来获得最大经济利益，致使社会诚信陷入一种去伦理化的表面化的诚信。诚信没有了伦理的范畴，变得浅表化、庸俗化。金钱已经成为建构道德体系行为的动机。道

---

① 欧阳彬：《全球金融危机与当代资本主义金融化研究》，对外经济贸易大学出版社2015年版，第35页。

德现象与道德意识也已经发生了根本性的变化。"技术世界有着自己内在的固有的规律，这个世界正是按照固有规律一往无前地发展，尽管它早已回避而不再思考它的文化目的，因此可以从恶而不是向善。"① 作为最基础的道德意识参与的社会，若没有了道德伦理的范畴，将会是怎样可怕的社会。在消费社会思潮的冲击下，诚信伦理陷入一种本该遵循却被利益驱使而打破的困境中。企业家也一方面想要借诚信的良好伦理秩序维护自身的品牌形象；另一方面却又抵挡不了市场跟风追逐利益的恶性竞争，致使许多打着诚信的幌子违背诚信的悲剧不断上演。本该与企业生死存亡密切关联的诚信伦理秩序和文化道德却与企业失去了必然联系。诚信和信用的去价值、去深度、去伦理化，成为市场经济逻辑下的一种道德迷失。建构诚信伦理秩序就是在这样一个信用严重缺乏、道德价值严重缺失的时代为陷入消费狂热的人们提供一种警示，用秩序化的伦理体系告诫人们，遵守和维护诚信伦理的行为必将受益，损害诚信伦理的行为必将受损。

3. 非人格化交易的风险

在以往传统的熟人社会中，人们在相对固定的生活圈子里频繁交往，彼此熟知。在这种环境中，诚信道德对于一个人非常重要。一个人要在熟人的环境中生活一辈子，就必须在这个环境中树立自我的道德诚信，并将道德诚信的标准贯穿生活的时时处处，否则就会被这个环境所排斥。

随着社会传统文化的断层、时代的变迁和社会的飞速发展，

---

① 钱中文：《巴赫金全集》第一卷，晓河、贾泽林、张杰等译，河北教育出版社1998年版，第9页。

人们陷入一种普遍的存在孤独之中。社会信用制度不完善导致各种恶性事件发生，导致人与人、人与社会之间普遍的不信任，甚至敌对，赖以维系和生成人格认同、社会认同与文化认同的社会道德基础不见了。社会不再以血缘、地缘关系为纽带，社会的非人情化交际越来越多。传统人际交往和商品交换以个人道德和人格为基础、担保的情况被普遍形式化、工具化的外在契约和规则取代。人们在越来越现代的同时，对于诚信伦理的依赖越来越弱，诚信人格也越来越体现不了社会优势。

以市场为导向的交易秩序，利用社会成员的知识和赋予每个社会成员在任何方向上创造的自由体制，不断扩展着人类的合作。人类合作秩序之所以能不断扩展，并非仅仅因为建立了更大范围内的分工体制和生产出更好的产品，而是因为我们建立了一个共同交易秩序的基础——普遍主义的信任。这种普遍主义的信任不是基于熟悉或个别具体、有着特定身份的人，而是基于对交易对方的利益和权利的尊重。

这种基于普遍原则的陌生人之间的交易就是非人格化交易，意味着我们对交易对方没有个人的了解，也没有对其身份地位的限定，我们只是以统一的交易规则来对待。"市场经济或市场导向的交易秩序就是在普遍主义信任基础上由一整套统一的交易规则所组成的非人格化的交易秩序。"[①] 对相互权利的尊重，是普遍主义信任的核心。然而，在现实交易活动中，并不是所有交易方都能有尊重对方权利的这种道德共识。实际操作中，对自己是一套，对外人是另一套的做法屡见不鲜。一方面要求

---

① 汪和建：《迈向中国的新经济社会学：交易秩序的结构研究》，中央编译出版社1999年版，第19页。

公平与合作；另一方面又在破坏这种普遍原则，造成矛盾和危机。权利规范的建立和法律化可以有效地突破个别主义信任的限制，使之达到普遍主义信任的合理状态，从而有助于交易的不断扩大。然而，"权利法律造就的普遍主义信任是一种形式理性（形式化）的信任，这种基于理性计算的信任，所展开的只是非人格化的交易，并且更为严重的是，这种基于法律和计算的交易为各种机会主义行为创造了条件，由机会主义所导致的交易费用的增加又极大地限制了交易秩序的不断扩展"[①]。仅仅依靠权利法律化并不能完全有效地规范人们的交易行为，如何从传统的交易秩序向市场导向的交易秩序过渡，权利法律化具有十分关键的作用。但是，在权利法律化的过程中，也存在可能减损甚至抛弃社会伦理和道德的倾向。

## 三　建构社会诚信伦理的有效途径寻探

追寻秩序，是人的本性，人们习惯于将事物和生活带入秩序之中，秩序是人类自我表达的伦理方式。诚信伦理秩序的建立是一个时期内社会群体对自我存在价值的标示，是自我存在意义的表达模式。在西方资本主义意识形态不断入侵和渗透的情境下，我国作为世界上最大的社会主义国家，必须建立社会主义阵营的主流意识形态，并以一定的社会伦理秩序表现出来。它承担着转化和创造的历史使命。一方面，在激烈的国家利益

---

[①] 汪和建：《迈向中国的新经济社会学：交易秩序的结构研究》，中央编译出版社1999年版，第280—281页。

竞争中，中国面临政治经济层面的各种挑战，需要建构强有力的价值认同和社会认同，来对抗外部的侵扰。另一方面，中国社会内部因时代等因素造成的一定程度的断裂，也需要强有力的核心价值来引导、整合。传统的伦理秩序已经不适用现代的社会，在传统与现代的断层中，需要建构一种新的社会诚信伦理秩序，来传承与创新，与时俱进地补充中国特色社会主义理论体系，实现国家价值认同。

1. 诚信伦理秩序的建立需要完善的信用制度

博登海默说："那些被视为社会交往的基本而必要的道德正当原则，在所有的社会中都被赋予了具有强大力量的强制性质。这些道德原则的约束力的增强，当然是通过将它们转化为法律规则而实现的。"[①] 制度是一种必要的恶。加强诚信监管、加强诚信文化建设，普及诚信教育，建设完善以企业诚信和个人诚信为基础的社会诚信体系，是改善市场和社会秩序的前提。一个人的社会活动、诚信程度，在一定范围内反映着诚信伦理秩序的规范。在美国，人们普遍认为诚信是一种无形的财富，体现自身在社会的价值和未来发展的可能性。诚信制度作为这种消费社会的普遍基础，有较好的约束力。如，美国就是每个公民都有一个"社会安全号"，每个人一生的诚信记录都收录在其中。它将每个公民纳入社会整体的诚信体系，并对失信公民进行处罚。建立了有效监管下的个人诚信体系，尤其是在信息网络化时代，通过建立完整的个人和实体的诚信信息，并对其及时作出反馈和评价，以此来制约和评估个人和实体的活动。

---

① ［美］博登海默：《法理学：法律哲学与法律方法》，邓正来译，中国政法大学出版社1998年版，第374页。

## 2. 诚信伦理秩序的建立需要政府的诚信管理

政府诚信是建立诚信伦理秩序的核心。"在初期，政府信用管理和核心是社会信用体系数据开放共享。政府要规划体系，维护社会诚信体系法律法规的实行。中期，随着社会信用体系法规和市场的完善，社会信用体系建设向政府监督和行业自律相结合的方向发展。后期，政府信用管理的重心在保护企业和个人利益不受侵犯与保护隐私权。妥善保护国家和人民信息安全，抵御外国社会信用体系对我国信用体系的冲击，和面对对外开放将会面临的矛盾和新问题。"[①] 一方面，在国家事务活动和社会公众之间建立以诚实守信为基础的政府践约能力。一旦与个人或经济实体签订合同，必须履行合同以取得当事人信任。政府在执法过程中，要依法行政，取得社会信任。能主持社会正义、维护公众利益、正确履行职责的政府，才能取得社会和民众的信任。另一方面，注重培养政府官员的诚信意识，监督其恪守诚信，带头形成良好的行政作风。相关政府官员要处理好权力与权位的关系，对公众负责。政府的诚信践行能力是通过各级官员的诚信践行能力反映的，要树立诚信政府形象，就要建立统一的、全面的社会诚信体系的框架，践行法治行政、责任行政和回应行政，实现政务公开，并对其进行有效的监管和惩戒。

## 3. 诚信伦理秩序的建立需要诚信文化的传播和深化

在日常生活中，人们对某类事物的价值判断反映出人们道德价值的基本观点，这些基本观点形成一个人特有的价值观念。

---

① 吴晶妹：《三维信用论》，当代中国出版社2013年版，第161页。

它们经过抽象的概括、提炼和升华，形成总体上一般性的价值观。在社会生活中，人们的价值观又有着互相影响的特点，最终形成社会生活中某一领域特定的价值观念。经过一定的传播，社会价值观在一个历史时期，在一个地域范围内，经过时间、空间上的传递和共同文化心理的认同与积淀，形成了一定的文化传统。中国是一个具有五千多年历史的传统文明古国，本身有着优秀的传统文化和强烈的民族意识，这为建立社会主义核心价值观提供了良好的社会基础。《中庸》说："诚者，天之道，诚之者，人之道。"诚信，才能引领人们走向一以贯之的真实存在。在新时期，诚信文化不再局限于血缘和地域，而是面向整个社会的、一般性的诚信文化，这种诚信文化将成为建构社会主义核心价值观体系中诚信伦理秩序的保障。虽然多数中国人目前还生活在传统的诚信文化概念中，但是人的情感、意识是经过长期而持续的文化熏陶而形成的。所以，只有在社会主义核心价值观的引导下，在积极、健康的信用理念中，实践和传播诚信文化，才能将更多的人纳入新时期诚信伦理秩序，践行具有新时代特征的社会信用。

## 四 消费社会诚信伦理秩序建构的意义诉求

1. 人必须以信任为关系基础

人是社会的人，人在社会关系的复杂性中，只有将信任作为应对社会关系的基础，才可能安全有效地进行社会活动。"在其最广泛的含义上，信任指的是对某人期望的信心，它是社会生活的基本事实。""若完全没有信任的话，他甚至会次日早晨卧床不起。他将会深受一种模糊的恐惧感折磨，为平息这种恐惧而苦恼。"[1] 任何事情都是有可能的，在极端的情况下，若没有信任支撑，这种与世界复杂性的突然遭遇会超出人的承受力。所以，信任是必要的。一个对他人缺乏信任的人，自己也会生活在恐慌中。从小我们就接受做人要诚信的思想。例如，楚汉时期，楚地流传着"得黄金百两，不如得季布一诺"的故事。因为季布性情耿直、为人侠义，只要答应别人的事情，他无论怎样都要设法办到，因此在楚地一带非常有名。历史上宣扬诚实守信的故事数不胜数，诚信作为一个人的处世美德被人看得十分重要。如今，诚实守信作为基本的社会公德，更是对当下人们处世的基本要求。而从"狼来了"到"烽火戏诸侯"，这些故事也无一不在说明失信的危害性。在西方的哲学思想中，诚信守诺被认为是人的本性，"有约必践，有害必偿，有罪必罚等，都是自然法"[2]。信约，意味着权利的转让，订立信约后的履行信约，就是正义，否则就是不正义，就是违背自然法的行为。

"基于人的一些自然本性，人们必须和其他人分工合作，才能过较好的生活，而人们要能真正的分工合作，必须彼此相互信任，否则一旦互信不存在，彼此尔虞我诈，合作的基础就会丧失，因此'诚实'是人类社会合作互信所必需的。"[3] 尤其在当今社会活动中，人们更需要以诚信作为基本的社会道德，遵

---

① [德]尼可拉斯·卢曼：《信任：一个社会复杂性的简化机制》，瞿铁鹏、李强译，上海人民出版社 2005 年版，第 3 页。
② 《西方法律思想史资料选编》，北京大学出版社 1983 年版，第 138 页。
③ 林火旺：《伦理学》，五南图书出版公司 2007 年版，第 10 页。

守社会预设的信任机制，从而维护人与人之间的正常交往和社会秩序的正常运作。

2. 诚信缺失的社会危害促使人们关注诚信

诚信，因在经济领域的地位以及因诚信缺失而造成大量社会问题凸显，使得社会不断要求人们对其反思、梳理、分析，诚信伦理秩序的建构问题也成为人们关注和探讨的课题。

诚信有带有社会伦理性质的广义含义和经济领域内借贷活动中以偿还为条件的价值运动形式的狭义含义。就目前来看，经济领域是诚信概念最活跃的场所。市场交易所衍生的各种诚信形式以及诚信工具的广泛使用，让人们对诚信问题越来越关注。"就其本质而言，人不得不付出信任，尽管这不是盲目付出的，而只是在一定方向上付出的。"[①] 从道德秩序建构意义的层面上来讲，正是因为人有积极实践自身存在的欲望，才有道德规约的必要。在当下经济社会领域，商业欺诈、商品掺假伪造、毁弃合约、财务作假、金融诈骗、虚假投标、工程质量不达标等社会问题，严重影响着社会诚信伦理的认同。甚至人与人之间、人与社会之间关系空前冷漠，人们不敢轻易相信，社会道德碎片化问题严重，人们对社会诚信度没有信心。

诚信缺失的社会中，每个人犹如沙漠中的一粒沙子，看似社会群体庞大，却没有凝聚力。人与人之间若完全失去了诚信，人们将陷入相互欺诈、相互提防，处处小心，精神高度焦虑的恐慌中。

良好的社会信用是经济健康发展的前提，是每个企业、事

---

① [德] 尼可拉斯·卢曼：《信任：一个社会复杂性的简化机制》，瞿铁鹏、李强译，上海人民出版社2005年版，第4页。

业单位和社会成员立足社会的必要条件。诚信缺失危害社会经济发展，破坏市场秩序，损害社会公正，损害群众利益，妨碍社会和民族进步。党的十七届六中全会提出："把诚信建设摆在突出位置，大力推进政务诚信、商务诚信、社会诚信和司法公信建设，抓紧建立健全覆盖全社会的征信系统，加大对失信行为惩戒力度，在全社会广泛形成守信光荣、失信可耻的氛围。"① 党的十八大报告也指出："深入开展道德领域突出问题专项教育和治理，加强政务诚信、商务诚信、社会诚信和司法公信建设。"② 都说明了国家和政府以及社会对诚信问题的关注。

3. 政府的职能目的就是让人们过一种有德行的生活

国家是服从同样法律并受单一政府的指导以求生活充盈的人组成的社会，政府的目的是谋取社会共同的幸福，而幸福生活是人们在道德原则下的生活，所以政府的职能目的就可以解释为：让人们过一种有德行的生活。

自由主义认为，政府并不承担道德职能。因为善恶不是事物内在固有的属性，而是主观意向的产物，是个人的选择。政府确定什么是善并强加于民的观点是荒唐的，政府并不比个人聪明。只有自己才知道什么生活对我而言是美好幸福的生活。如果道德是过美好生活能力的话，谁也可以自称是有道德的人。然而，这种实践的行为不能称为是道德的行为。政府权力始终是侵害个人权利最大最危险的力量。道德是社会性的概念，对社会成员的行为提供一种应然的规则，而道德的效力却是社会成员个人的意愿，社会所提供的道德规则只有与这种个人的意

---

① 《十七大以来的重要文献选编》下，中央文献出版社2009年版，第566页。
② 《十八大以来的重要文献选编》上，中央文献出版社2014年版，第25页。

愿一致，才能实现。道德行为必须由个人去做，政府虽不能使用强制手段迫使人们践行道德，但可以作为一种辅助机构，去倡导、引导人们遵循相关社会的道德原则。

"当社会陷入了不可解决的自我矛盾，分裂为不可调和的对立面，而又无法摆脱这些对立面。而为了使这些对立面，这些经济互相冲突的阶级，不至在无谓的斗争中把自己和社会消灭，就需要一种表面上凌驾于社会之上的力量，这种力量应当缓和冲突，把冲突保持在'秩序'范围以内；这种从社会中产生又自居于社会之上并且同社会相异化的力量，就是国家。"国家就是调节社会矛盾，缓和冲突，使得社会进入一种秩序化管理的存在。"几乎每一个国家在其生存的历史中都曾经产生过这种或那种形式的、好的或坏的政府。一个又一个的政府垮台或彼此更迭了。而国家却依然生存了下来。"国家的本质在于享有主权，而政府的本质在于对国家所享有的主权进行管理和行使。政府的职能目的体现在人与人、人与社会的交往规则中。选择一种符合大众道德认同和个人意愿的途径来实现社会道德。国家和政府，应为公众提供良好的社会公共服务，引导人们提高公共道德水平。

# 第一部分

## 消费社会呈现的伦理状态

"这是最好的时候，这是最坏的时候；这是智慧的年代，这是愚蠢的年代；这是信仰的时期，这是怀疑的时期；这是光明的季节，这是黑暗的季节；这是希望之春，这是失望之冬；人们面前有着各样事物，人们面前一无所有。"① 高度发达的现代科技正在改变并颠覆着人们的存在方式。有人说，正是这种颠覆把人们带入一种陌生、冷漠、充满危机的世界。这个世界让人的存在在一连串的号码、符号、证书面前，变得软弱无力。因此，这是一个高度发达的社会，也是一个极度匮乏的社会。

一方面，社会财富极大地增长，人们有可能获得某种生活条件如阅读、受教育，书写和计算的能力已经成为每个人必备的才能，同时这些才能又成为技术不断发展的可靠保障。另一方面，技术本身的发展以及技术的意义，使现代人陷入了技术和工业时代的第一个困境中。人们享受着技术带来的好处，指望获得更多的技术进步来提供更便捷的生活服务，却日渐被纳入世界作为整体性的机器化运作中。看似人们在一定程度上被解放，不用自己建造房屋、不用自己修理家具电器，甚至不用自己动手洗衣做饭，现代化工业体系中生存的人们在工作之余，只需要坐在电视机前，吃着外卖，看着广告，从中选择自己想要的物品即能过着舒适、丰裕的生活。人只要获得某一项技能

---

① ［英］狄更斯：《双城记》，罗稷南译，上海译文出版社1983年版，第3页。

的认证，就能在巨大的社会体系中谋得相应的位置，就可以按照机器说明，遵循整体运作的模式，按部就班地工作，从而获得丰裕的报酬，以满足自我日常生活的娱乐和消费。

正如赫胥黎在《美丽新世界》中描绘的那样，人性正在被预先设定好的社会秩序中被消灭，僵化成整个社会机器运作的部件。社会秩序从基因的层面上，剥夺了人作为一个完整个体僭越固守、超越自身、探寻与追求幸福和优越本质的可能。被剥夺了作为人的本质能力的消费社会的公众存在，迷恋在被设定的娱乐秩序中，醉生梦死，自我满足。

# 第一章 消费社会的伦理性寻探

尼尔·波兹曼在《娱乐至死》一书的前言中提到撰写《1984》的奥威尔和撰写《美丽新世界》的赫胥黎，两位小说家在各自小说里描绘的未来世界以及对未来世界的种种危机的担心。"奥威尔害怕的是那些强行禁书的人，赫胥黎担心的是失去任何禁书的理由，因为再也没有人愿意读书；奥威尔害怕的是那些剥夺我们信息的人，赫胥黎担心的是人们在汪洋如海的信息中日益变得被动和自私；奥威尔害怕的是真理被隐瞒，赫胥黎担心的是真理被淹没在无聊烦琐的世事中；奥威尔害怕的是我们的文化成为受制的文化，赫胥黎担心的是我们的文化成为充满感官刺激、欲望和无规则游戏的庸俗文化。"[①] 毋庸置疑，奥威尔的害怕已不足为惧，而赫胥黎的担心却正向人们走来。

在消费社会营造的物的困境中，在消费社会日渐将人们驱赶至幻象的忧惧中，人们却因为享乐，正在失去最宝贵的——自由。"我们处在'消费'控制着整个生活的境地。所有的活动都以相同的组合方式束缚，满足的脉络被提前一小时一小时地

---

① ［美］尼尔·波兹曼：《娱乐至死》，章艳译，广西师范大学出版社2004年版，第2页。

勾画了出来。"① 在一个整体的消费环境中，消费者消费的是一种"氛围"。这种氛围以一种艺术、娱乐和日常生活混为一体的方式渗透在消费行为中。

## 一 消费本位主义的围困

### 1. 物的符号化围困

让·波德里亚在《消费社会》中说："今天，在我们的周围，存在着一种由不断增长的物、服务和物质财富所构成的惊人的消费和丰盛现象。它构成了人类自然环境中的一种根本变化。""富裕的人们不再像过去那样受到人的包围，而是受到物的包围。"② 人们受所谓的"圣迹"的影响，我们不妨将所谓的"圣迹"粗浅地理解为我们日常被灌输的广告信息、新闻信息、流行观念等，在接触、聆听、认同了"圣迹"的显示之后，自然有一种消费社会铺设的渠道，使得消费者通过特定的消费活动来获得这种根植在思维中的对于"圣迹"的模仿。这种思维的根植，无异于信仰的力量，左右着人们的日常生活。消费者通过消费活动获得对"圣迹"的模拟，从而体验一种满足性的狂喜，并在这种满足性的狂喜中"延续日常生活的平庸"。在让·波德里亚的眼里，消费活动就处于这样一种神奇的地位，使原本可以主宰生活的人陷入"物"的圈套之中。

从另一个角度来看，在消费社会，人们通过一定的消费活

---

① [法]让·波德里亚：《消费社会》，刘成富、全志刚译，南京大学出版社2000年版，第6页。
② 同上书，第1页。

动，所获得的关于真实生活的信息和信念，令人们活在一种特别的"伤感"情绪中。一方面阅读着由媒体报道的各种"真实"事件的信息；一方面在符号范畴的安全距离中享受着不参与"真实"事件，又通过画面感受真实场景爆炸性新闻带给人们的战栗，同时在这种战栗背后，享受永久的安全和宁静，并以蜷缩在这种安全和宁静之中为幸运，将之认同为一种生存的幸福。人们习惯了在这种幸福感之上来思虑真实、慨叹命运。

这种令人们感到安全的东西在让·波德里亚的词语里叫"符号"。在"符号"的遮蔽下，生产范畴和消费范畴通过消费这种神奇的活动而平行存在。在让·波德里亚眼里，消费活动起源于一种好奇和不了解。人们带着距离消费着现实。这种距离就是符号所产生的距离。人们通过对真实事件、真实画面的幻影来自我消费。"所有政治的、历史的和文化的信息，都是以既微不足道又无比神奇的相同形式，从不同的社会新闻中获取的。"[①] 这种以戏剧化的方式呈现，又以戏剧性的、非现实性的生活交往，作为一种符号发生在人们的思想中。通过思想和符号被标榜、被争论，这与我们面对面的、活生生的真实体验带给生命的冲击力和影响力是不同的。不能说孰是孰非，这个"什么都没有发生"的地方，所留存的激情和生命的寓意因为符号和距离的存在，掩护了我们否定真相的消费心理。

"形象、符号、信息，我们所'消费'的这些东西，就是我

---

① ［法］让·波德里亚：《消费社会》，刘成富、全志刚译，南京大学出版社2000年版，第10—11页。

们心中的宁静。与外界产生的距离则巩固了这份宁静。"① 而消费社会的特点在让·波德里亚的叙述中就是:"在空洞地、大量地了解符号的基础上,否定真相。"大众传媒也不过"只是把作为符号的符号让我们消费,不过它得到了真相担保的证明"②。

2. 被操控的消费行为

"每个人的自由在形式上都得到了保证,每个人都没有必要堂而皇之地回答他到底在想什么。相反,每个人从一开始就被禁闭在教堂、俱乐部、职业群体以及其他有关的组织系统之中,所有这些系统,构成了最敏感的社会控制工具。"③ 即使所有人都不满电视广告,但电视广告依然存在,而且花样越来越多,消费者对此根本无能为力。在消费社会,广告取得了全面的胜利,它以大众传媒作为媒介,以形象画面、理性知识、艺术形式等操纵人的感情,甚至影响人的理性判断,从而影响人的消费行为。"这是因为消费被编排成一种自我指向的话语,并在这种最小化的交换中带着满足和失望趋向枯竭。"④ 在消费社会中,人们不得不接受商品,商品已经作为一种统治的意识形态,通过大众传媒,渗入消费者的骨髓中。消费者也习惯于聆听这种渗透,想要防范或者逃避的可能性小之又小。

在由消费符号秩序所操控的社会中,人们的消费行为表现为:主体性的丧失,人们的消费行为带有被强制性、被动性的

---

① [法] 让·波德里亚:《消费社会》,刘成富、全志刚译,南京大学出版社2000年版,第11页。
② 同上书,第10页。
③ [德] 马克斯·霍克海默、西奥多·阿道尔诺:《启蒙辩证法:哲学断片》,渠敬东、曹卫东译,上海人民出版社2003年版,第167页。
④ [法] 让·波德里亚:《消费社会》,刘成富、全志刚译,南京大学出版社2000年版,第78页。

特点。人们需要的不再是主体的本真需要,而是由大众传媒建构出来的、由于被符号世界包围而逐渐丧失了理性观察与判断的虚假的需要。"就消费空间来看……大型购物中心通过封闭空间、控制温度,切断了所有可被感知的、与周边环境的联系,其内部上演零售戏剧的'布景',将空间蕴含的商业潜力发挥到极致,其聚焦的内部空间被改造成一个'购物的梦幻世界'。迪士尼乐园则更进一步,它在悬置空间、时间和天气之余,还悬置了真实。"① 通过人为的加工和净化,过去与现在、真实与虚假、距离远近的界限全部消失。这些幻象的运用,混合着符号的秩序,使消费活动在自由与平等、快乐与富裕的环境中被信奉,使人沉迷其中,完全忽视了在消费狂欢的虚假繁荣下,深藏着资本操控和资本掠夺的残酷事实。

3. 娱乐文化的危机

如今,人们已经习惯了在无聊的时候、在一个空洞的时间段里打开电视或者广播,而不是将它付诸思考。就像很多人离开手机,就会出现心慌、怀疑、焦虑等症状一样,那种从网络终端的脱离,让人感到害怕。人们必须借助于电视、广播、聚会闲聊等打发时间,驱散浓聚在个体深处的孤立无援感和被遗弃感。好像只有打开电视,拿着互联网移动端,保持"在线"的模式,人们与外界世界才有了联系,才不会与外界脱离,不会被世界遗弃。人们习惯了从电视、广播和媒体获取生存的信息,了解周围或者世界上发生的各种新鲜事。以一种娱乐的态度、一种闲话的方式去评述、思考这些无关紧要的社会问题,

---

① 韩晶:《城市消费空间:消费活动·空间·城市设计》,东南大学出版社2014年版,第396页。

习惯了毫无连贯性地更换频道，寻找能愉悦自我或者刺激欲望的电视节目，以此来消磨工作以外的时间。"娱乐是电视上所有话语的超意识形态。不管是什么内容，也不管采取什么视角，电视上的一切都是为了给我们提供娱乐。"[1]

"这是一个娱乐之城，在这里，一切公众话语都日渐以娱乐的方式出现，并成为一种文化精神。我们的政治、宗教、新闻、体育、教育和商业都心甘情愿地成为娱乐的附庸，毫无怨言，甚至无声无息，其结果是我们成了一个娱乐至死的物种。"[2] 公众已经适应了这个没有连贯性的世界，被娱乐得麻木不仁，生命的意义在莺歌燕舞和醉生梦死中一点点消亡。人们被分心在繁杂琐事，文化生活被定义为娱乐的周而复始，一些人开始担心，民族文化灭亡的命运在劫难逃。

"今天，不仅把文化与维持日常生活联系在一起看作是文化的堕落，而且也看作是强制娱乐消遣活动的理智化。"[3] 消费，在消费社会被整个社会奉为一致性的理想，每个人作为消费主体，迷恋般地进入消费的生存状态，所有不利于消费的因素都被这种旋涡式的增长无情地吸收。娱乐本身没有过错，我们每个人都会构筑自己的空中楼阁，但如果想要住在里面，问题就出现了。我们逐渐熟悉了大众传媒建构的这个世界，对电视里的画面、广告由陌生到熟悉，这种陌生感的丧失，是我们适应能力的一种标志。这种适应，表示了我们的变化。"无聊的东西

---

[1] [美]尼尔·波兹曼：《娱乐至死》，章艳译，广西师范大学出版社2004年版，第114页。
[2] 同上书，第4页。
[3] [德]马克斯·霍克海默、西奥多·阿道尔诺：《启蒙辩证法：哲学断片》，渠敬东、曹卫东译，上海人民出版社2003年版，第134页。

在我们眼里充满了意义，语无伦次变得合情合理。"①

人们越来越看重物质性生存，重视即时享乐、家庭幸福等日常生活，并将这些欲望贯穿到自身的文化需求中，肯定平凡性和现实生存活动的合理性，满足于获取当下日常生活的娱乐。如《大话西游》中，一向以社会秩序为代表的唐僧被设定为毫无意义的语言符号，那啰里啰唆的话语不再承载神圣、崇高，消解了理想对于存在的实质性意义。

## 二 消费社会的增长神话

1. 增长是否带来真正的平等？

在我们的社会上普遍认同一种理想，"增长即丰盛，丰盛即民主"。换句话说，就是只要社会经济发展了、增长了，就能实现真正的平等，人人有饭吃。消费社会意识形态的核心价值就是平等与自由。在物的面前，不存在肤色、种族、财产、权利的差别。人们可以自由地挑选，享有最大程度的公平，从而通过对物的占有获得生理、心理的满足。这种满足的获得只要通过消费活动就能实现。在这个活动过程中，关于社会现实的差异被瞬时消除，产生一种平等的幻象。

然而，出身于一个经济和社会资源丰富的主流家庭，还是出身于一个经济和社会资源匮乏的边缘家庭，会导致人们截然不同的生活经历和不平等的学习机会。增长本身就附加着不平等的功能。"就像商品与劳务的分配构成了经济秩序一样，社会

---

① ［美］尼尔·波兹曼：《娱乐至死》，章艳译，广西师范大学出版社2004年版，第106页。

声望也是被分配的。在一个社会中，群体参与社会声望的分配，这一分配方式就构成了社会秩序","它分配不同程度的声望和权威给群体并且决定进入群体可能性的程度，使处于社会不同地位的人们的选择模式化"。[①] 社会资源的差异，导致社会地位的差异。身份界定本身就是符号秩序的一种呈现。正是通过这种符号标签，再现了社会地位、文化习性、教育程度等方面的差别。个体在社会结构中的身份符号是被生产被消费程度所分配的，符号资本以物的形式体现在个体的社会结构与权力场域中。

事实上"无论财富的绝对量多少，都含有一种系统的不平等"，这是一种"系统的逻辑"。无论一个社会可支配的财富有多少，它都建立在一种结构性的过剩与结构性的匮乏并存的基础之上。经济快速增长，个人所得却在缩水。这两者之间的矛盾存在，造成这种矛盾存在的根本就是不平等的基础。所有持续增加的财富都会集中到少数人的口袋，贫富差距在持续扩大。我们看到了社会的增长，看到了商场里、街市上物质的充足和丰盛，但对于个体的自己，我们并没有拥有它们。我们被一种所谓的购买力的东西困扰着，在消费社会巨大的洪流和欲望中挣扎、煎熬着。增长带来了丰盛，却没有带来平等。因为增长"在其本身的运动过程中，就是建立在这种不平衡基础之上的"[②]。虽然经济的增长，使得社会向更民主、开放、包容、公正的方向

---

① Max Weber, Class, Status and Power. In: Reinhard Bendix &Seymour Martin Lipset (eds.). *A Reader in Social Stratificatification. Glencoe*: The Free Press, 1953, p.64.

② [法]让·波德里亚：《消费社会》，刘成富、全志刚译，南京大学出版社2000年版，第37页。

发展，但不会彻底消除差异和不平等。

2. 增长是否带来幸福？

人人都能看到陈列在商场里的奢侈品，消费社会提供给所有的大众一个公平的消费场所和存在空间，人人都能走进，没有身份歧视，人们享受着同样的作为消费者的貌似公平的权益。然而，在这种貌似平等的、被消费主义和自有主义吹捧起来的平等的神话背后，是完全的不平等和巨大的收入差距。消费社会刺激人们对商品的渴望，就是拿这种人人都有机会用"iPhone"的理念来诱惑人们的。"收入、购买奢侈品和超工作量形成了疯狂的恶性循环。消费恶性循环，是建立在对所谓'心理'需求的颂扬基础上的。显而易见，心理需求与生理需求不同，它是建立在'有决定自由的收入'和选择自由基础之上的，因而能够无情地加以控制……承认消费者的自由和主权只是个骗局。"[1] 资源的掠夺，空间的分配不均。这样一场资产和资源的掠夺之后，很多人陷入无产，只能出卖劳动，通过劳动和工作来换取报酬，然后又用报酬来换取生活必需品，甚至是一瓶水都需要用消费来获得。土地和房子，这片生存在土地上的世世代代的人们，本身房子和空气、水，土壤都是分配的。可是由于资本主义私人占有，他们被剥夺了占有的权利。他们出生就必须为这些基本的生活权利而牺牲。为了维持基本的生存而耗费一生的劳作。维持生计，是存在首先面对的问题。

当然对于不同的人来说，对幸福的理解完全不同。对穷人

---

[1] ［法］让·波德里亚：《消费社会》，刘成富、全志刚译，南京大学出版社2000年版，第70页。

来说，幸福就是满足自身对食物、住所和衣着的物质需求。对富人来说，幸福或许就是社会地位及所获成就等。幸福感本身是一个主观性的问题，每个人幸福感的来源不同，而在多数人的心里，只有自己知道自己是幸福还是痛苦。同时，幸福感并不是绝对的，总是和各种感情交织在一起的。然而，随着幸福的字眼越来越被人们所关注，幸福作为存在的至高追求，可测度的幸福、基于客观事实基础上的幸福，逐渐被探索和研究，以期获得对"幸福"概念的切实的把握和分析。

"这个在黄金时代由人的本质与人权幸福结合所形成的化石，是颇具形式理性原则的。这个原则就在于：毫不犹豫地寻求自身幸福，偏爱那些最使他感到满足的物。"[①] 在生活中，欲望被关注，欲望获得满足都会引发快乐感，基本欲望引起简单的快乐，复杂的欲望及复杂的欲望的满足会引发幸福感。客观的幸福感是可以通过努力创造并获得的。而主观的幸福感是与主体自身的价值观和自身生存的情境对比有关的，表现在一个人的心态和情绪上，是无法替代和设计的。消费社会的丰盛与增长一方面创造了获得客观幸福的物质条件；另一方面在虚幻的幸福幻象背后，又加深了更加深刻的绝望。"消费是一个与学校一样的等级机构：在物的经济方面不仅存在不平等（购买、选择和使用被购买力、受教育水准以及家庭出身所决定）——简言之，正如不是人人都有相同的读书机会一样，并不是人人都拥有相同的物——但更深入一步地说，有个根本的差别存在着：一部分人能够获得环境要素（职能用途、美学组织、文化

---

① [法]让·波德里亚：《消费社会》，刘成富、全志刚译，南京大学出版社2000年版，第57页。

活动）理性的、独立的必然结果：他们与物毫不相干，从本意上讲他们不'消费'；而其他人则注定要献给一种神奇的经济和原封不动的物，以及作为物的其他所有东西（观点、娱乐、知识、文化）：这种盲目拜物的逻辑就是消费的意识形态。"① 社会经济的增长，人们获得更多的物质文化的满足，这本身是获得幸福的客观性基础。不可否认，在经济增长、科技进步的社会中，人们更多享受到这种幸福。

3. 增长是否意味着道德的提升？

仓廪实而知礼节，衣食足而知荣辱。礼节，本身就是一种社会秩序的表现；荣辱，更是一种道德选择的根基。人们相信经济增长意味着大多数公民生活标准的提升，因为它创造了更多的机遇、对多元化现象有更多的包容、有更好的社会流动性、社会会获取的更多公平正义以及民主，等等，"生活水平提升所带来的价值不仅仅体现在其对人们生活水平切实的提高，同样也在于其对社会、政治以及最终对人们道德品质的改善"②，即经济发展带来的社会进步有着物质和道德的双重益处。当然这里所说的经济增长，并非单纯的经济增长，而是包含了技术创新推动的社会进步为前提的。在一个健全的社会，经济增长、技术创造和道德信仰是同步的。因为一个社会的经济增长需要一个潜在的推力，那就是社会道德水准的提高。一般来说，社会公民的道德情怀影响着社会的精神状态、办事效率和审美情

---

① ［法］让·波德里亚：《消费社会》，刘成富、全志刚译，南京大学出版社 2000 年版，第 45 页。
② ［美］克里斯·爱德华兹、丹尼尔·米切尔：《全球税收革命 税收竞争的兴起及其反对者》，黄凯平、李得源译，中国发展出版社 2015 年版，第 230 页。

趣，而这些又影响着人们的经济收入、消费习惯和工作能力。公民所在社会的人际关系、民主政治、道德规范与社会经济发展有着同等重要的地位。一个具有良好伦理道德秩序的社会，会使人们更加努力工作，更加信奉民主和平，更加宽容和守法。

然而，我国在加大经济增长推进力度的同时，相应的科学技术创新及公民公共道德水准的增长并没有在一个融洽的相契合的水平上达到一致。一味追求经济增长，造成公众道德秩序体系建立的相对滞后，致使社会出现很多问题，如留守儿童问题，贫富差距带来的不稳定问题，奢侈浪费问题，泡沫经济下的危机问题，生态环境的破坏问题，等等，需要政府花费大力气在经济增长的同时关注社会道德秩序的建构，对社会进行更加深入的研究。

## 三 消费社会伦理秩序的日常化转向

20世纪初，日常生活从人们关注的边缘转向中心，成为西方哲学与美学研究的焦点。黑格尔、胡塞尔、海德格尔、韦伯、哈贝马斯、马尔库塞、阿多诺、本雅明等一系列著名的哲学家和理论家都对日常生活做出过阐释和理论性思考。

1. 作为常人的日常生活

作为存在的自然状态，日常生活维系着人的衣食住行等基本的生存需要。每个人无论在社会劳动分工中占据什么样的地位，都会有自身的日常生活。它日复一日、年复一年，平淡无奇、重复持续，不引人注意，不触目惊心，人们对它习以为常，虽然琐碎细屑，却也包容着存在的所有喜乐悲欢。

在日常生活中，每个人都是常人，又同时被常人所左右。常人怎样享乐，我们就怎样享乐；常人如何阅读和判断，我们就如何阅读和判断。常人不是任何确定的人，而是一切人。常人指定着日常生活的存在方式，在常人的领域里，个体永远随波逐流，不承担任何因独特和个性而产生的风险，也不承担任何明确的责任，因此，常人依靠日常生活获取存在的安全感。"'常人'在日常生活中主要以闲谈、好奇和两可为存在方式。"① 人们在闲谈中获得的不是对惊奇的赞叹而是对好奇的满足。这种好奇心的满足并不是建立在对生存的领会基础上的，而仅仅是为了看而看。这种好奇心的满足仅仅停留在表象，是常人对日常生活的粗略感知。这种感知被日常生活不断强化，被人们误以为这就是生活和世界的实质。日常生活是以重复性思维和重复性实践为基础的活动领域。日常活动具有自在性，是以给定的规则和归类模式而理所当然、自然而然地展开的活动领域。"日常生活批判的目的就在于通过自由自觉的个体的形成而把日常生活建立为'为我们存在'。"② 它依靠习惯、经验和传统维持，强调生命个体感性生存。

2. 日常公共性的蒙蔽

"疏离、平均状态和抹平作为常人的存在方式构成了我们所谓的'公共性'。""常人作为形成日常彼此共在的东西……，构成了我们在真正意义上成为公共性的东西。它意味着，世界始终已经原始地作为共同世界被给予了，不是一方面先有单个的主体，他们在任何时候都有他们自己的世界，然后根据某种

---

① 张贞：《"日常生活"与中国大众文化研究》，华中师范大学出版社2008年版，第20页。
② ［匈］阿格妮丝·赫勒：《日常生活》，衣俊卿译，重庆出版社1990年版，序言第14页。

安排把个别主体各个特殊的周围世界放在一起,然后就人们如何有一个共同的世界达成一致。这是哲学家在问主体间世界的构成时对事情的想象。我们说,首先给予的就是这个共同世界。"① 可见,公共性就是作为共有的意义整体,是我们共同的世界。它是生存论的概念,是一种中性的自我存在的存在方式。在这种公共性的基础上,人们有一种公共的、表面化的,对世界和自己的理解,这种看似表面的正当性理解,却总是趋向于将问题简单化、模糊化。公共性总是以一种满不在乎和想要让事情变得简单的倾向来对待问题,从来不会深入事物的本身去思考。正如消费社会的繁荣表象一样,作为一种公共性出现在常人面前。常人不会去洞察这种表象与实质之间的差别,仅仅是活在这种日常化的公共性中,习惯了生存在这个模糊了一切的、似乎是人人知晓的世界。而公共性蒙蔽的东西,到底遮蔽了什么,常人不会去思考,因为公共性本身就是一种没有根据的存在或者行为方式。它的根据被隐没在生存表象的背后,好似无底的深渊,只有遮蔽在深渊表层的幻象作为日常生活出现在人们面前。"公共性模糊了一切,并且使得被如此遮蔽的东西冒充为熟知的和谁都了解的东西。"②

3. 日常生活的平庸状态

在消费者与现实世界的关系问题上,让·波德里亚提出"好奇心的关系"。"好奇心与缺乏了解,指面对真相所产生的同

---

① 张汝伦:《〈存在与时间〉释义》,上海人民出版社2014年版,第377页。
② 同上书,第379页。

一个整体行为,是大众交流实践普及和系统化了的行为。"①

"从某种意义上来说,图片、新闻和信息的普遍消费在于牟取现实符号中的现实……我们带着距离提前或过后消费着现实。"② 人们在消费中隐藏着一种好奇心的期待,期待通过信仰标志的威力来超越日常化的平庸。阿迪达斯让少数人从人群中凸显出来,获得人群的艳羡,从而达到一种超越他人的心理满足。一个人要使他日常生活中遇到的那些陌生的观察者对他的金钱力量留下印象,唯一的办法就是不断显示他的支付能力,"为了使自己在他们的观察之下能够保持一种自我满足的心情,必须把自己的金钱力量暴露得明明白白,使人在顷刻之间就能一览无余。"③ 这种关注能力和好奇心促使消费活动的不断发生,成为刺激消费的重要手段。资本作为消费活动的经营、制造者,有目的地组织、刺激着消费活动的发生。一旦消费行为形成系列,消费者又担任了生产者的角色,刺激和控制着资本实现利润的手段。社会身份地位的层理因为支付能力的差异而被划分,它将消费者集体地指派给相应的编码。同时,因为好奇心的驱使,消费社会也为人们脱离原有阶层而进入新的社会关系,创造新的身份提供了可能。

"命运的、激情的和命定性的符号,只有在有所防御的区域周围大量地涌现,才能使得日常性重新获得伟大与崇高,而实际上日常性恰恰是其反面。命定性就是这样处处被暗示和表示,

---

① [法] 让·波德里亚:《消费社会》,刘成富、全志刚译,南京大学出版社2000年版,第12页。
② 同上书,第12页。
③ [美] 凡勃伦:《有闲阶级论》,蔡受百译,商务印书馆2002年版,第66页。

其目的正是为了使平庸得到满足并得到宽恕"。① 人们习惯了在网络的终端点击阅读各种信息，好的和不好的，幸运的和不幸运的，在惊异于世界千奇百怪的同时，在向外延伸自我的好奇心并传播自我的观点的同时，都在以常人的心态将自我从世界中剥离开来。自我只是处在整个世界运作的某一个细小的环节，作为可以被任意替代的部分生存其中。作为个体的自我再也没有能力在整个世界的浪潮中被完整、能动地看待。人们一方面蜷缩在这种局部中安稳度日；一方面闲谈着与己无关的其他部分。这种似乎被"命定"的安稳却从本质上承载不了人作为最本真的人的存在，这种本真的存在要求人是一种能动的、有创造力的、有强大能量的"小宇宙"，人的自我在这种"命定"与潜在的"本真"之间注定有一段无法测量的差距。这种差距使得安稳的人们隐隐感觉到存在背后的不安和自我无法舒展的阴郁。虽然这种不安和阴郁在常人的日常生活中早已被忽视，却无法从本真的存在中被彻底抹去。"日常性提供了这样一种奇怪的混合情形：由舒适和被动性所证明出来的快慰，与有可能成为命运牺牲品的'犹豫的快乐'搅到了一起。这一切构成一种心理，或更恰切地说，一种特别的'感伤'。"② 消费社会是"一个没有连续性、没有意义的世界，一个不要求我们、也不允许我们做任何事的世界"③，在这个世界里，人们只需要和孩子一样玩着躲猫猫的游戏，并从中获取着日常性的娱乐。

---

① [法]让·波德里亚：《消费社会》，刘成富、全志刚译，南京大学出版社2000年版，第14页。
② 同上书，第14—15页。
③ [美]尼尔·波兹曼：《娱乐至死》，章艳译，广西师范大学出版社2004年版，第103页。

# 第二章 消费社会物化崇拜的伦理状态

## 一 物化崇拜：商品社会的伦理取向

英国作家奥尔德斯·伦纳德·赫胥黎的《美丽新世界》中讲道，文明人被从小灌输的理念就是："旧衣服要扔掉，衣服破了要买新的……不消费是反社会的。"[①] 消费和享受是文明社会所崇尚的道德，一切节俭和朴素都是可耻的。

1. 消费参与的日常生活

"消费"日益成为人们所熟知的活动，"网购""消费文化""消费主义"等字眼也越来越被人们熟知。日常消费成了城市生活必不可少的部分，消费手段、消费方式，都在市场中被极大地运用。

光怪陆离的消费场所：在大都市的人们习惯了林立的商厦、综合型的酒店—餐饮—休闲式一条龙服务场所，大型的购物场

---

① [英] 奥尔德斯·伦纳德·赫胥黎：《美丽新世界》，孙法理译，凤凰出版传媒集团、译林出版社2005年版，第19页。

所、超级市场、综合型购物商城，所有的消费场所从空间布置、视觉效果、商品陈列、人为景观的布置，以及川流不息的人群在各种柜台、商铺间的穿梭，形成了最经典的城市消费环境。无论是显现在大众面前的形状各异的后现代建筑还是隐藏在各种会员制私人会所中的交流、消费方式，都是城市消费活动的重要参与部分。它们有同样的表现形式：人为控制的灯光、温度、香味、布置氛围，形形色色的镜面反射、空间造型、昏暗与明亮交错的视觉幻象，在彼此的差异、重复中演绎和充斥着对观光者的诱惑。当你走进一座商城，好像进入一种与外界完全不同的近乎永恒的时空，在这个时空中不变的20℃空调，闪闪发光、琳琅满目的各色商品，五彩斑斓或者亮如白昼的不灭灯火，亲切的问候，不变的微笑，陌生人的接踵摩肩，没有方向感的眩晕是任何时间、任何地点步入任何消费场所都会带给你的貌似永恒不变的等待，让漫步在这个消费空间场所的人蓦地升腾起的自我欲望和自我满足，在金钱和消费能力的支撑下膨胀到极致。似乎这些场所就是存在实现梦想的场所，进入这些场所就是自我存在对自我最真实的，可触摸、可证明的肯定。

趋之若鹜的日常消费：自从福特主义倡导大众消费以来，日常消费就成了大众新的，不可避免的负担。加薪的代价是再也没有时间回家做一顿饭，加班挣得的工资越来越不够维持吃饭的需要。饭越来越贵，加班越来越多，结果是生活越来越累。虽然表面上看，以前吃的是面包，现在吃的是鸡腿，貌似是一种生活质量的优质化，貌似被加薪的工资能买到更多琳琅满目的商品，人们却再也没有机会摆脱日常消费的紧箍咒。

广告充斥我们视觉、听觉的任何领域，成为我们日常消费

## 第二章 消费社会物化崇拜的伦理状态

和日常生活的一种重要媒介和内容。广告所倡导的时尚，被大众认可为一种合法性的公共认同，是每个个体参与社会和与社会同步发展的意识形态的表达方式。广告的功能就是激起人们的消费欲望，而人的欲望作为一种暂时自我遗忘和自我驱动的动机，被具体化到一个瞬间的享受、一个细节的空白填补。这所有的一切所指向的无限幸福和无限存在使得这种消费的欲望永不停止，永不满足。

每个人都希望参与到群体的生活中，而不是被社会边缘化、被群体抛弃。所以时尚并不是特立独行的个性展示，而是一种大众的参与。当时尚流行今年穿雪地靴时，雪地靴再也不是个性化的展示，而是大众的、潮流的存在。你看到的是满大街的雪地靴，雪地靴也不是标榜个人特色的存在了。

物质帮助人们进入一种生活状态，解放着人的身体，比如洗衣机、汽车等，现代化的生活更加便捷，就是因为人们利用了物的功能，使得生活进入一种物的系统中，这种系统使得人们运用便捷的操作就能达到一种舒适、便捷的生活效果。人们都认为汽车是有用的、现代化的房间配备了整套的电器是必须的，人的身体越来越进入一种享受的生活环境中，只是这种享受是以人的最本质的自由为代价的。一个人要进入这种系统化的便捷中，就需要支付相应的资金，而这些资金使得大多数的人进入一种被禁锢的捆绑中。比如房奴、车奴，但是人们依然愿意并且乐意成为这一族。人们认为，自己驾驶私家车要比挤公交车、挤地铁更有尊严、更体面。在公交车上被陌生人包围、拥挤、推搡避免不了使人觉得烦躁、沮丧，而私家车所赋予的那种空间、自由代表了现代化生活追求的目标。为人服务、为身体服务，人们宁愿在高强度的工作压力下获得高薪来享受相应的现代化生活服务，也不愿意在闲暇中望着昂贵的消费品而望洋兴叹。

"一旦经济主义主宰了技术，利润取得了核心地位，商品的生产就不再受到消费者当前需要的支配。相反，需要是为了商业性的原因而通过广告创造出来的。技术的产品甚至不经人们的追求而强加于人。"① 电子产品的更新换代，各领域中的技术创新，都促使着大众生活消费模式的进一步更替。更多的商品被标榜了文化的、审美的、品牌的种种因素，人们的消费也不再仅仅指向商品本身，更参与了品牌文化、身份地位、艺术含量、审美效果等的审查，不再把消费仅仅指向实用性。比如月饼、酒等物品的消费，不再单纯指向月饼、酒本身，而是指向一种包装的文化、品牌的档次，使用的类型等。消费者的消费也更多地指向服务型的、精神享受型的、一条龙服务型的、环境型的消费方式。iPhone 4s 的推出引起了全球的消费热潮，绝大多数的人们购买它不是因为缺少手机使用的实用需要，而是因为智能手机技术的更新，要赶潮流、跟得上时代发展的动机。

2. 基于消费的幸福评价

幸福是什么？更多的人会认为，住在大房子里，有私家车，有物质炫耀的资本就是幸福。而追求内心的安宁、深奥高尚文化的认知，在物欲横流、拜金主义的社会里被认为是迂腐或者无能。一个清贫学生看着初中没有毕业就开始经商的同学已经拥有了几套房子，而自己还要租住宿舍，对于昂贵的商品只能

---

① ［荷兰］E. 舒尔曼：《技术文明与人类未来：在哲学深层的挑战》，李小兵、谢京生、张锋等译，东方出版社1995年版，第359页。

## 第二章 消费社会物化崇拜的伦理状态

观望,在现代化的生活消费品面前捉襟见肘时,心里难免会产生不平衡感,即使他并不认为他的同学比自己幸福,对幸福的认知也并不单纯以物质的拥有作为衡量标准,可是他也不会觉得自己比别人幸福。即使自我感受着来自文化熏陶的品位、人生论断和看法,也会被看作是有一种酸腐的味道,令人不适。因为消费社会充斥了太多的物质,无处不在地刺激着人们的欲望。

在后现代伦理社会里,幸福的概念是和消费能力密不可分的。自从被消费社会拿来作为人人都可追求的生活状态来弘扬之后,幸福就意味着是与物、符号,是可检测的标准,一种触手可及的福利。那种纯粹被归结为内心享受和不需要证据证明的幸福完全被消费的理念鄙视和排斥了。"宁愿坐在宝马车里哭,也不愿意坐在自行车后面笑"的理念被消费社会蔓延着,传统意义上的幸福已经被彻底摧毁,幸福不再是心心相印的执子之手,而是变成了对品牌、商品的消费和对商品占有的满足。如此可被检测的幸福,让更多的人相信自己和大众一样获得了同等的社会地位、平等的社会福利和幸福感。比如任何阶层的人都会陷入追求名牌、买房、买车的潮流中,在一种貌似人人都能获得的诱惑中,所有的人的生活模式被商业消费社会统一成一样的模式,无论是受教育程度高的人还是受教育程度低的人,都被卷入消费的幸福旋涡之中。现代社会很多人用自己拥有的房子、车子,各种现代化工具和奢侈品来证明自己的幸福,劝慰自己已经是很幸福的了。

现代消费社会宣扬的就是这样的幸福理念,你拥有的越多就代表着你的幸福指数上升得越高。即使是你在空虚、无助的时候，依然有个声音会劝告你，"满足吧，不知道你现在过得生活就像是在天堂吗！"多数人听从了这个劝告而继续自以为满足地生活下去。这是消费社会符合德性的体现，人臣服在金钱和物的力量之下，不再贪婪地妄谈被物质排斥在外的虚妄的东西，比如精神，比如灵魂。

"我们的时代是一个痴迷于青春、健康和肉体之美的时代。电视、电影，占主导地位的可视媒体制造出大量坚持不懈地昭告人们要铭记在心，优雅自然的身体和美丽四射的面庞上露出的带酒窝的微笑是开启幸福，甚至是开启幸福实质的钥匙。"[①]这是一个开放的时代，更多的人选择跟随自我的欲望，通过自我的努力实践和满足自我的欲望。人们大多不会再选择逃避或者回避自身的欲望，而是呈现它，尽可能地满足它。不会故意压抑、扭曲自我的欲望。很多人都说消费社会的形成和泛滥，就是基于人的欲望的基础上的，因为人有了选择的欲望，有了占有的欲望，有了被诱惑的迷失，形成了所有消费活动的最初动力和源泉。这种欲望的被刺激和被实现都是一种无穷的循环过程，在这种无穷尽的循环中，不间断的消费行为和消费活动维持着消费社会的发展。在推销的例子中，崇尚的就是一个推销员能把一个只想买一个鱼钩的顾客发展成买了整套渔具，野营帐篷，甚至山地越野车的可能。这是一个不断刺激消费者欲望、诱使消费者消费的过程。"欲望可借广告来人工制造，借推销术来发生催化作用，借劝导者的谨慎操纵以形成，这种事实表明这些欲望是并不很迫切的。饥饿的人从不需要人们告诉他

---

① 汪民安、陈永国：《后身体：文化、权力和生命政治学》，吉林人民出版社2003年版，第331页。

需要食物。"①当消费可以选择，可以被诱导，这种消费已经变得本身不再纯粹地满足生活需要，而被附加了更多的东西。但是人恰恰是这样一种存在物，一方面，人们受本能欲望的驱使，会为了满足饮食的欲望去追求食物，屈从于自身的欲望和冲动；另一方面，人们会对自己的欲望和冲动进行审视和抗争。人们会为了保持身材这个目标而对抗自己的食欲，为了保证对婚姻的专一而拒绝接触有吸引力的异性。人们运用自我的意识来控制自我的生活需求。后现代社会中的人们并不是沦落为欲望的奴隶的人，他们依然在满足欲望的道路上自我分析、理性判断。

3. 消费者在日常消费中的道德软弱地位

在日常消费活动中，消费者主体道德决定被限定在商品消费事实之外，没有消费者能自行决定自我消费的商品规格、种类。消费者总是在市场被给予的状态中选择。消费者没有能力选择和定义市场投放的商品，只能在被限制的市场存在中，在一种被规划了范围的无奈中做出选择。而这种选择并不指向理性和实惠，往往被渗入了更多操作之后的欺骗。

理性从启蒙以来，一直是人类最可靠和得力的武器。进入消费社会人们依然依靠理性来操纵、判断、分析各种消费活动和刺激各种消费行为的发生。广告学、推销学、对各种媒介的应用和操作，都是人类理性的结果。包括对货币和金钱的态度，即使是在如此强大的体系运作中，人们依然能够依据自身生活的环境、阶层来选择消费。虽然人不能控制货币本身，但是人依靠理性可以选择调整自身的需求，通过调整人的需求来影响

---

① ［美］加耳布雷思：《丰裕社会》，徐世平译，上海人民出版社1965年版，第134页。

货币运作的方向。然而，社会整体陷入一种被诱惑的欲望膨胀中，使得每个个体的人都没有办法摆脱这种欲望的驱使，即使我们再不屑于广告的诱惑，我们在选择商品时依然会受到广告的影响。即使我们再用理性来控制自我的消费行为，依然没有办法摆脱和抗拒消费社会既定给出的消费场所的氛围、环境和整体性包围对理性和消费欲望的攻击。诱惑无处不在，理性判断稍有疏漏就会被诱惑和欺骗占领。

消费日益成为日常生活所必需的承担，在很多家庭为吃、穿、住、行等基本需要的消费困扰的时候，中国奢侈品消费在全球所占据的比例越来越大。上一届巴黎奢侈品展销会上中国人的面孔占据了大多数，各种大型的高档的购物场所拔地而起，成为中国各大城市最显著的变化。不到三年时间，西安小寨的消费场所增加了金鹰、军区新购物广场、白马外贸城、赛格商贸广场。师大附近也有了金鹰、华东、长延堡等大型购物场所。所有的场所都被灯光、装饰、空调、琳琅满目却彼此相似的格局和陈列所装饰，就好像《云图》中讲到的，纯种人对于复制人的控制一样，后现代的消费主义进入了这样一种空间，一部分操纵着消费市场的人，投给大众和消费者的就是不得不的选择，否则就是那一颗终结的子弹让消费者陷入绝境。

消费者走进任何一家商场都感觉到一样的环境氛围，从而有了相应的审美疲劳。消费热情也因此而大打折扣。因为购物广场太多，商家为了维持生意，只能用压缩商品成本，提高利润的方法来弥补商品流动的减慢，于是消费行为本身也进入恶性循环。商家利用这种促销、打折、买赠活动刺激消费，甚至欺骗消费者为了让商品进入消费环节。近年来，商品在城市过于泛滥,一些人把市场对准了广大的农村。有免费为农村人照相,卖镜框的,有抓奖卖电磁炉的,种种欺骗的、非欺骗的手段谋取商品消费的利润。而消费者,在各种各样的商品面前,"他逻辑性地从一个商品走向另一个商品。他陷入了盘算商品的境地——这与产生于购买与占据丰富商品的眩晕根本不是一回事"①。人们常有购物时挑花了眼的感觉,发现挑回来的不一定是最好、最实惠的,反而容易在对比与区分中被蒙蔽。

任何一个时代,只要有消费行为和消费活动的发生,货币和货币引申的数字型符号概念就不可避免地控制着消费活动的成败。只不过传统意义上的消费是在自身拥有一定货币积蓄的基础上的消费,而当今的消费社会完全进入一种超前式的消费模式,房贷、车贷、信用卡消费,等等,都使得消费本身成为一种人人都要参与的负担。"债务的压力和衣着的竞争,很快使得这个快乐懒散的种族变成了现代的劳动力。"② 超前消费日益被鼓励,信用卡的使用,分期付款的实行,使得更多的人进入了一种超前消费的生活模式之中。

## 二 Logo崇拜:身份认同的伦理象征

曾经有个北大的实习生问《时尚》杂志的总编晓雪说:"你们为什么要花费这么多的人力物力财力,来吹捧一个品牌,这些品牌的商品如此的昂贵,而在中国还有多少孩子上不起学,

---

① [法] 让·波德里亚:《消费社会》,刘成富、全志钢译,南京大学出版社2008年版,第3页。
② 同上书,第62页。

多少家庭买不起房子。"恰恰就是这些如此昂贵的品牌成了消费社会不可或缺的主角，它们在消费社会中承担着引领时尚，象征地位和权力，凝聚消费者目光的责任，是消费社会所有动力的来源和极点。

1. 货币统治的消费社会

《史记》中说："凡编户之民，富相什则卑下之，佰则畏惮之，千则役，万则仆，物之理也。"在货币运作的体系中，追求更少的成本更大的利润，是万古不变的逻辑和规则。无一例外的近乎永恒的真理依然被现代社会尤其是消费社会中的人们所承认并奉行。历久弥新的道理在今天这个消费时代里依然有着绝对的权力。一个家徒四壁的人没有资格奢谈生活、生活方式、伦理秩序，等等。金钱依然被认为是人的立世之本，虽然我们说没有一个人真正地拥有金钱，但是拥有使用金钱权力的人，被称为有能力的人，有生存资格的人。让权贵低头、让众生俯首的金钱和财富，就这样统治着人类。在它的领域里掌控和操纵着人的存在方式和秩序。

消费社会越是发展，真正进入公共领域，被人们所公认的只有货币。货币，作为商品消费时代的主角，已经独立存在于商品价值之外了。它作为一种交换商品价值的物质符号和象征，在公共领域内享有不可替代的地位，并具有不可侵犯的权利。一张壹佰圆的人民币不管是币面整洁的、崭新的，还是被揉皱了，甚或是残缺了，它本身的象征性价值不会改变。消费社会中的人们会不断获取拥有货币的使用权利，这种权利是独立的，消费社会中的人们依赖于这种权利。这种权利使得人们在商品消费中获得满足和地位的认可。货币成为纽带形成了商品消费

第二章　消费社会物化崇拜的伦理状态

社会沟通流动的社会关系网。在商品消费社会中，人与人的社会关系绝大多数是因为货币和商品交易而产生的，这种本身就被赋予了物化的基础的人际关系，成为消费社会中的一种基本人际关系的脉络现象，这种脉络现象的核心是个体的利益。

货币作为财富的象征，被人们公认为消费社会的权威。货币演变为各种形式的拥有权、使用权，是金钱和货币在消费社会的表现形式。货币运行的逻辑和规则就是用最少的成本赚取更多的利润。在这种逻辑的驱使下，每个拥有货币资源和权力的人们都渴望用自己拥有的资源赚取更多的使用权、拥有权。然而社会资源总是有限的，这种渴望赚取更多的逻辑驱使越是强烈，人们的竞争意识和排他意识就越强烈。利润本身形成了一种牢固的运行网，而人只是货币运行的操作者，就像流水线上的商品随着流水线运行，人只是那些站在流水线边劳作的工人，而货币和资源本身却不会参与存在者最本真的存在。"如果我有钱，即使我对艺术没有鉴赏力，我也可以得到一幅精美的绘画；即使我不懂音乐，我也可以买最好的留声机；我可以买下一座图书馆，尽管只是为了炫耀之用；我可以买学问，尽管除了作为附加的社会资产之外这学问别无他用。我甚至可以毁掉买来的绘画或书籍，因为除了金钱损失之外，我一无所失。只是有了钱我就有了权，得到我所喜欢的任何东西并随意处置它们。"[1]

货币独立成自我的体系，在人们的操控之外独立运作。所有的人一旦被陷入，一旦接受了货币体系的理念和逻辑，就沦

---

[1] [美] E. 弗洛姆：《健全的社会》，孙凯祥译，贵州人民出版社1994年版，第107页。

为货币的奴隶,被货币自行运行的节奏与需求所统治。就好像一个企业的运作一样,都是要以经济利润为最终的追求目标,货币运行系统也同样是滚雪球的方式,要求资金本身不断地膨胀和扩大,任何人都不能阻止这样的走向,即使是人也无能为力。货币作为诱惑的来源,是"隐藏意义的裹尸布,一种意义隐形增值的裹尸布,而消耗的是外表的表面深渊,吸收的表面,即符号交换与竞赛的瞬间恐惧的表面"[1]。货币运作本身的贪婪,带动和促使着人的贪婪,陷入货币运作陷阱的人,其实并不是真正意义上的人的存在,而是被异化的人的存在,被货币的手臂牵扯住的、被奴役的存在,工具性的存在。

2. Logo 崇拜的消费模式

在《物的体系》中,让·波德里亚给消费下了一个定义:"即消费意指的并非是通常意义上的对商品的购买与享用,并非是一种物质实践或富裕现象学,而是体现着一种社会身份和地位、身价和名望,体现着消费者的目的追求与对商品的使用价值之意义的理解。在这种意义上,商品成了一种符号。无论是任何一种食品、服饰或汽车,它都彰显着社会等级,无形中进行着社会区分。有意义的消费表现为一种系统化的符号操作行为。"[2] 符号消费成了消费社会的核心概念。今天的消费市场已经不再仅仅是商品和物的流通的场所,更多的消费方式变成了符号式的消费模式。一个符号代表了一种风格、一种名声、一种奢侈的消费方式,一个符号更是一种身份和地位的象征。比如各种名表的符号和品牌,时尚周内展示的各种风格迥异的品

---

[1] [法]让·波德里亚:《论诱惑》,张新木译,南京大学出版社2011年版,第87页。
[2] 罗钢:《消费文化读本》,中国社会科学出版社2003年版,第27页。

牌，它们都是一种传承了特定文化、理念、经营模式，有特定消费群体的内涵象征。"消费系统并非建立在对需求和享受的迫切要求之上，而是建立在某种符号（物品/符号）和区分的编码之上。……流通、购买、销售、对作了区分的物品/符号的占有，这些构成了我们今天的语言、我们的编码，整个社会都依靠它来沟通交谈。"[①] 物质消费逐渐走向一种审美意义上的消费，消费者的消费行为不再纯粹地指向一种实在的生活需求，更倾向于一种象征性的满足，一种意义性的符号性的拥有，甚至对商品和消费的符号型需求超过了商品本身承载的物质价值和实用价值。消费行为越来越成为一种社会表现和社会交流的意义过程，消费者借助自我的消费表现和传递着自己的身份、地位、个性、品位、情趣和认同。比如我们选择吃饭的地点，我们不仅消费着吃饭这个生活需求所指向的内容，食品和烹调的水平，更消费着一个就餐的环境、氛围及氛围对心情的调节和生活方式丰富性的需要，同时人们从这种消费的需要中获取各种各样的愉快的、梦幻般的、刺激欲望兴奋的情感体验，现代人追求品牌消费，是追求一种品质的、身份的或者服务的保障。

所谓的特权，是在不平等交换的基础上被维持的，这种不平等交换侵害的是另一部分人的利益。比如，富人对矿产资源的开发、对社会资源的开发和占有，侵占的是当地居民应有的权利。在符号的消费体系中，符号本身与符号在符号体系中所处的位置，是通过符号与符号之间的差异来确定的。之所以有

---

① ［法］让·波德里亚：《消费社会》，刘成富、全志钢译，南京大学出版社2008年版，第70页。

符号、Logo 的区分，就是因为人们在消费商品时，为了自我建构和区分自我与大众之间的身份差别，以此来表示自我在社会中的特定位置。"作为社会分类和区分过程，物和符号在这里不仅作为对不同意义的区分，按顺序排列于密码之中，而且作为法定的价值排列于社会等级"，同时"这种法定的区分过程是一种基本的社会过程，每个人都是通过它注册于社会的"[①]。虽然追求时尚使人们陷入一种大众的消费模式，但是在时尚的陈列中，总是避免不了差异的存在。因为差异本身就是一种自我界定的需求。

消费市场为了满足人们的这种差异性需要，在生产商品的同时就考虑到了差异的因素，因此各种限量版的商品、特制的商品、承载了差异因素的种种商品投入市场，以供消费者选择。虽然差异在生产的流水线上看来总是如此的细小，比如仅仅是颜色的不同、图案的不同、款式的不同等。因为有了如此的不同、选择的可能性，才能激起人们消费的欲望。"在作为使用价值的物品面前人人平等，但在作为符号和差异的那些深刻等级化了的物品面前没有丝毫平等可言"[②]，人们在关注差异的同时，也被限定了阶层的划分。

"消费文化中人们对商品的满足程度，取决于他们获取商品的社会性结构途径。其中的核心便是，人们为了建立社会联系或社会区别，会以不同方式去消费商品。"[③]激发人们向往更高阶

---

[①] ［法］让·波德里亚：《消费社会》，刘成富、全志钢译，南京大学出版社 2008 年版，第 48 页。

[②] 同上书，第 85 页。

[③] ［英］迈尔·费瑟斯通：《消费文化与后现代主义》，刘精明译，译林出版社 2000 年版，第 18 页。

层的过程本身就是一种不平等的对待；对低级的排斥和屈就，对高级获得更多自由的可能，本身就是一种满足和不满足的心理差异。

3. 符号消费的伦理象征

身份的确定：品牌就好像一个人被定义的身份一样，有自己的位置。在特定领域内有自己的位置和被排列的顺序。当然这个顺序这个符号本身因为有了排序的问题而附带了更多因素，比如文化的因素、审美的因素、品质的因素。每个品牌都有自己的特点，有自己存在的价值。就如对一个人的定义一样，这个人在人群中的顺序是按照门第排的，还是按照他所创造的财富排的，抑或是按照他所拥有的政治或某方面的权力，或者他本身具有的才智，这些都成为定义一个人身份的标志。在消费社会定义一个人的身份，不在于他的收入多少，而在于他消费了哪个阶层的东西。"在工业社会中，身份与生产密切地联系在一起；一个人的身份源于职业或专业。在后工业社会中，随着休闲时间和休闲活动的大量增加，经济与政治机构的价值与文化的价值有了脱节。结果，身份越来越建立在生活方式和消费模式的基础上。"[①] 整个现代社会活动的构成模式就是商品的陈列、展示、促销和人们对于各种商品及服务的消费，人们通过购买的东西和消费的服务的意义来定义自身，一个人通过消费活动获得的商品越是烙印着被大众认可的 Logo 印记，越是表示了这个个体在此符号象征领域内的地位越高。对于品牌和符号的消费，人们从中更多寻求的是一种自我身份建构、社会关系

---

[①] ［美］戴安娜·克兰：《文化生产：媒体与都市艺术》，赵国新译，译林出版社 2001 年版，第 38 页。

建构、文化认同和自我实现的方式，寻求一种自我存在的意义。对于一个团体或品牌来说，消费（各种品牌的广告投入、媒体宣传、自身维护）也同样是为了自我运作和自我实现。一个被消费者认可的Logo，作为一种承载着一定的发展历史甚至是文化含义的象征符号，是一个企业在商品和消费社会存在的标志。

符号本身参与了消费的过程，商品就像是一个人身份识别的代码一样，他的消费活动使得他自身的存在被认同在一个群体中。"我买故我在"使得自我存在的证明不再是一种纯粹的思考和自我体验。它通过符号消费和某一阶层相互之间的关系网络强调和确认着一个人的身份，通过这个身份的确认附带表现着一个阶层应该有的伦理存在模式。所以人们积极消费以期进入一种伦理模式中被社会所容纳和认可，在这种容纳和认可中自我的实现才变得具体而可触摸。

消费阶层的模仿：由于商品生产的泛滥和过剩，人们在购买商品时，总是有很多的选择可能性。商品—符号系统也由于生产的理念、背景、质料、造型、品牌等的不同而承载了不同的价值。人们根据自身的阶层、消费能力、爱好、性格职业等选取适合自己的，或者能够表达自己身份的，传递自我固有的风格、社会形象、社会地位等信息的商品，可以有效而简洁地标识出自我的信息。通过这种方式，消费者对自身有了相对稳固的定位，把自己归类于某一个社会阶层，在身份的相互认同中，进行自我的价值实现和社会关系网的开展。作为一个个体来说，他的消费行为也总是受到周围人和统一社会阶层消费取向的影响，个体需要被某一个阶层认可和接纳，从而给自己一个定位，从中获得社会、人脉关系网中人的情感、地位等方面的满足。无论是从众的心理，还是趋附势力的心理，人们都渴望不断地提升自我的社会地位，被认为是富有的人，于是模仿富人的消费模式就成了一种普遍的社会消费趋向。一种被人们普遍渴望和模仿的消费模式或者是生活方式，就成了消费社会的主流模式。即使不是每个人都能按照这种主流的模式来消费和生活。

*炫耀性消费*：2013年春晚就有个相声提到了炫耀式消费，它是符号消费的另一种消费模式。炫耀式消费是强化身份的极端表现形式，它的消费目的主要是为了夸示财富，而不是为了消费本身。炫耀性消费直接指向的是社会地位。凡勃伦在1899年《有闲阶级论》一书中讲到了炫耀性消费。他认为，商品可分为两大类：非炫耀性商品和炫耀性商品。炫耀性商品就是满足消费者虚荣心理，能承载消费者身份、地位、品位的符号性产品。有钱人为了把自己与穷人区分开来，总是拿这些炫耀性的商品把自己装扮起来，从而从大众的领域里凸现出来，成为被认为是财富水平较高的阶层。也有更多的人用这种炫耀性的商品装饰来把自己归为自我期望的阶层。人们不再根据职业、文化程度等来区分人的社会阶层，更多程度地依据个体的消费能力，依据财富地位。这使得人们普遍陷入一种对财富的极端追求，和因拥有财富的变化所引起的身份焦虑和不安中。

*仪式的消费*：节日近年来被商家大肆利用，在端午节推出各种粽子、绿豆糕的礼品盒，在中秋节推出各种档次被过度包装的月饼，甚至"双十一"这个莫名其妙的日子，也被各大电商炒作成"狂欢购物日"。暑期有暑假旅游套餐，寒假有寒假旅游套餐，无论是中国的外国的节日都被商家无限地放大，情人

节、七夕节每个节日都被宣扬成需要用消费才能表达爱意的日子。玫瑰和巧克力、苹果和包装纸、红丝线，好像没有这些商品的参与今天的日子就没有办法过去。而这一天的苹果恰恰是平日里价格的十倍，商家一边获取着暴利、一边用扩音器喊着："爱她就给她买个苹果，一个舍不得给你买苹果的男人要他做什么！"是大众太愚蠢看不出这是商家的阴谋，还是抵抗不了那句话的杀伤力，宁愿被坑被宰也要买个心理的平衡和高兴。这是最典型的把消费活动和消费对象符号化的过程，消费者消费的不再是一个苹果，而是一种被牵强附加的"我爱你"的暗示性含义。

当然除了节假日，人一生中会遇到很多重要的事件，而这些重要的事件使人们习惯了运用相应的仪式来表达这个事件对于一个人的重要意义。比如毕业、结婚、丧葬等种种重大事件都需要用一定的方式来纪念。"没有仪式的生活，意味着没有明晰意义，甚至可能没有记忆的生活。有一些仪式纯属言辞上的仪式，这些仪式有声音没有记录，最后消失在空气中，无助于限定阐释范围。较为有效的仪式是使用有形物品的仪式，可以断定，仪式包装越奢华，想通过仪式把意义固定下来的意图就越强烈。从这个角度看，物品就是仪式的附件；而消费是一场仪式，主要功能是让一系列进行中的事件产生意义。"[①] 当然这些仪式举行的背后都有金钱和物质的力量在支撑着，仪式作为一种荣誉的保持和获得的手段就是对财物的明显消费，甚至是有意的炫耀和浪费。

---

① 罗钢：《消费文化读本》，中国社会科学出版社2003年版，第61页。

物品作为记忆的保存存在于种种仪式消费中,"在现代社会我们主要通过物的使用来确定意义。我们通过对物进行比较、分类,通过赋予我们所拥有和使用的物以秩序,来组织我们的社会关系"[①]。仪式是最明显和最直接的社会关系的表现。

无论是节假日,还是各种生活仪式,都渗入了消费的模式。物参与的生活才有了质感,才是可触摸的,就像结婚必须要有聘礼的参与一样,来表示对此件事情的重视。物质和金钱担当了衡量的标准。消费社会的理念在货币运作基础上加入了生产和消费的内容。在生产商品过于泛滥的消费时代,消费成了延续生产的主要环节。资产运作者想方设法把所有的人都拉入消费者的行列,从加薪到增加工作强度,广告媒体宣传各种刺激消费的手段让社会所有成员都变成一个彻底的消费者。消费社会运作的唯一目的就是消费更多东西,使用更多东西,浪费更多东西。

## 三 身体崇拜:视觉主宰的伦理判断

"身体是构成矛盾的极好场所,意义要么借助和通过身体出现,这时,意义出现在身体的疆域之内,它的价值就如同影子出现在洞穴中一样;意义要么离开身体,在身体上面发生和沉淀,不停地接近它将永远蜷缩藏身的正当场所。最终,在这种不透明的黑暗与影子的黑暗之间已经没有什么区别了。身体仍然是储藏意义的黑暗场所,是这种储存的黑色符号。但这样一

---

① 罗钢:《消费文化读本》,中国社会科学出版社2003年版,第37页。

来，身体就绝对落入了符号和意义的陷阱。"①

1. 身体的视觉化呈现

身体的媒体图景呈现：当启蒙的理性开始在身体的维度里退却，现代人们开始习惯用身体来讲话，聆听身体的语言，有感觉的身体足够告知我们该如何去行动，该如何去展示。身体也不光包含着肉体，同样的身体包含着感情、触觉、感官的舒适与难受、情绪的轻快与沉闷，身体作为一种存在的综合、具体的呈现，被现代的人们所崇拜。因为人们在走路的时候无须计算就能随意地迈着脚步，而脚步本身就有着一种节奏感。身体提供了一个自我认知的场所，这个场所如此敏感又清晰地提供着存在的信息，并由身体这个介质，在自我形象的建构中展示着自我存在的某种信息。

"在消费文化中，广告、大众刊物、电视电影使得时尚的身体形象广为流传。"② 大众传媒已经取代了传统的传播方式，成为印证个体行为的社会意义的最权威最有代表性的价值系统，决定着人们的选择。大众传媒营造的意义的空间充斥着人们生活的各个角落，它们在视觉空间、媒体空间营造的身体形象以各种明星来代言，他们性感、张扬，在浓妆的掩饰下展示着虚假的、被塑造的美，表演着被设计的动作和表情，而恰恰大众崇拜的、追求的就是这种被人为处理的不真实的美。除了在媒体、图片、封面中出现的身体形象之外，实体模特的呈现也成为人们直观身体的平台。半裸的、全裸的、绘身的模特的展示，

---

① 汪民安、陈永国：《后身体：文化、权力和生命政治学》，吉林人民出版社2003年版，第92—93页。
② 同上书，第324页。

以观赏性的对象出现在人们眼前。

展示这些身体形象引导和影响了大众对于身体的看法，身体呈现的可能和限度。于是现实生活中也出现了各种自我形象的展示方式，化妆也被普遍的女性甚至男性所接受。人们认为打扮是对自我外形的一种弥补、表达和自我阐释，人们以为个性的衣着、装扮，是自我个性的呈现。对于身体的形象展示来说，女性的身体尤为得到媒体和大众的关注。女性身体越来越多地占据着媒体、画面、封面图景，使得人们越来越有一种错觉，就是女性就等于身体，一个具有美丽形象的女人，即使没有相应美丽的内涵、教育背景、文化素养等，她依然可以是被人们所赞美的、崇敬的、热爱的。也使得女性更多的把关注点投入自我身体形象的维护和展示上。然而，女性除了身体和年轻之外，依然要面对衰老，更重要的是要面对培养下一代的问题。对女性存在的肤浅理解造成了很多社会问题的出现。

身体的维护和改造：对于什么是美的定义，应该是一个美学的话题，却被消费主义者拿来大肆宣扬。一种被媒体、商家宣传的美丽的定义袭击了美本来拥有的丰富内涵，美丽被时尚宣传成苗条、性感、丰满的乳房、双眼皮、高鼻梁、瓜子脸。看着身边越来越没有视觉区分的人造美女，不知道人们为什么能够接受这种对美的定义和判定。时代要求我们的身体是美的、年轻的、有曲线的，需要用时尚包装的，而对身体形象的维护、塑造的宣传和对身体美的定义，也成为消费社会各种商业行为设置的圈套。美甲、化妆、写真、服饰、所有的消费活动都依靠这种被确立起来的美的定义所驱使着。消费社会要每个身体既感受到美的称赞，又要感受到距离美的不足，在自信和恐慌中追求被时代定义的美。它不时地提醒,你眼角的细纹、你松弛的皮肤、你的大肚腩、你的衰老等等,让你的心理永远不能得到安宁。

身体承担着展示自我的责任,身体形象的展示方式成了现代人们最关注的方面,人们在意自我的方式是不是能够被大众或者自我认可,在意自我的形象表达是不是会被人们所称赞、效仿。而当整形美容的广告牌在大街小巷竖立起来的时候,我们已经进入一个能自我掌控身体形象的时代,"一方面身体体现着诸如身高、体形等既定的品质特征;而另一方面,消费文化中的潮流却是身体不如意的部位是可以塑造的——付出努力,做做'身体整形'就可拥有个体自身所期望的某种效果"①。这种无所不入的修补技术,填补了人们对身体的认识空白。我们的身体是可以通过技术的改造呈现不同形象效果的,而这种形象的追求目标就是美丽。

在消费社会对美的歪曲指认下,所有的对于美的定义都被性感取代了。在当今的时尚、影视、媒体、时装秀的展示台上,很多以性感著称的影星、名模活跃在人们的视野里。他(她)们迷离的双眼、饱满的身材、裸露的肌肤都构成被称为性感的元素。性感基于异性身体差异的吸引,莫泊桑在描述羊脂球时这样说:"皮肤光润而绷紧,胸脯丰满得在裙袍里突出来,她的鲜润处让人垂涎,而她那一张妖媚的嘴儿的润泽使人想去亲吻。"② 在男性主导的社会里,女性的身体展示本身就是一种性

---

① 汪民安、陈永国:《后身体:文化、权力和生命政治学》,吉林人民出版社2003年版,第332页。
② [法]莫泊桑:《羊脂球》,汪阳译,译林出版社2010年版,第4页。

## 第二章 消费社会物化崇拜的伦理状态

别差异的吸引力所构成的性感,性感也成了展示美感的首要因素。因为它能最直接、最迅速抓住人们尤其是男性的眼球和注意力。而消费社会倡导刺激欲望、刺激消费。要使得这种刺激最直接地触碰到身体,迅速使其膨胀起来,莫过于性快感的选择。被塑造的身体形象恨不得使每个器官和局部都透露着性感的气息,在身体的维度里寻找一种最可靠的激发性,来刺激现代人的麻木状态,以获得相应的消费欲望。

同时对于健康的过分关注,使得人们把更多的精力放在如何维护自身身体形象上。"对身体健康的关注现在已经逐步发展成为一种主要的精神疾病。"[1] 充斥在身边的各种提醒注意健康的广告刺激着人们的神经。"请注意你的眼角悄悄滋生的细纹""快给肠子洗洗澡吧""吃多了肚子不消化,快用江中牌健胃消食片""不舒服的时候洗一洗"这些带着提醒语气的话语,让人不自觉地向这种询问和提醒做出回答,这种被强加的思考造成了人们对自身健康的过多关注和精神紧张。在被这种灌输的声音中牵着走的过程中,人们忘记了身体本身是具有自我调节功能的,也忘记了身体本身的秩序表达,一种随着时间流逝而无法抗拒的衰老的存在。

人们太过于在意身体的外表形象,却失去了接受生命的豁达和从容。"消费文化时刻把握正在流行的进行自我身体保养的观念——这一观念鼓励个人采用手段(工具)性的策略以对抗身体机能退化和衰老的发生(这也是政府官僚拍手叫好的,因为他们始终在寻求怎样通过教育公众珍视身体来降低对健康事

---

[1] [英]特里·伊格尔顿:《后现代主义的幻象》,华明译,商务印书馆2000年版,第82页。

业的投入);同时,消费文化把这一观念同另外一个观念结合起来,即身体是快乐和表现自我的载体。体态美好、性感逼人而且被认为与享乐、悠闲、表现紧密相连的种种形象所强调的是外表和'样子'。"① 身体在经验生命的过程中不可能永远保持如广告中所说的那样苗条、年轻,身体有客观的存在图式,在时间和空间的维度里用自身的秩序表达着对存在和生命的理解。皱纹、松垮的肉体、中年发福的迹象、秃顶等随着衰老而来的种种征兆并不是道德涣散的证明,被主流宣扬的借助化妆、美容、健身、整形所做的对身体的维护和保养也并非就是德行的选择。

身体的裸露和时尚:《后汉书·梁上君子》讲道:陈寔在乡间,一日夜间有盗贼入室,藏在房梁上。陈寔发现后,正色训导小偷:"夫人不可不自勉。不善之人未必本恶,习以性成,遂至于此。梁上君子者是矣!"后人给这一幕加了一个插曲,小偷从房梁上下来后认为陈寔定会惩罚他,不料陈寔问他:"你有良心吗。"小偷想了下说:"没有。"陈寔让小偷脱衣服,小偷把衣服脱了,陈寔叫小偷把裤子也脱了,小偷脱了裤子却还穿着裤衩。陈寔示意他继续脱,小偷说不能再脱了。陈寔说:"这不就是你的良心吗?"把羞恶之心当作良心,是源自于孟子的四端说。孟子讲,恻隐之心,仁之端也;羞恶之心,义之端也;辞让之心,礼之端也;是非之心,智之端也,良心和四端说形成了中华儒家伦理文化的基础,一直以来在国人的传承中根深蒂固。

---

① 汪民安、陈永国:《后身体:文化、权力和生命政治学》,吉林人民出版社2003年版,第323—324页。

如今羞恶之心、辞让之心已经被市场竞争完全颠覆，人们的生存状态不再是一种内敛的、忍让的伦理秩序主导下的存在状态，进而更替为扩张型的、竞争型的伦理状态。恻隐之心、是非之心也在经济利益的驱使下逐渐变成了虚妄的存在。在如今的时代里，裸露成为一种时尚，成为一种生活的常态，裸露也从身体的局部裸露变成了各种隐私的裸露。各种真人秀、私密日记、视频记录铺天盖地地参与媒体和生活。一种以裸露为题材的报道风行起来。每天各大网站上都会有爆料某明星走光的图片、色情网站的泛滥、爆乳、裸浴、裸奔、裸模、裸诵、裸聊等名词的出现，各种超短裙、网格黑丝袜，使得各种层出不穷的赤裸，从网络到现实生活，从艺术、文学领域到消费领域，都以身体裸露、文字裸露、情感裸露等等方式展示在人们的日常生活中，成为一系列的社会问题。裸露自我似乎成为彰显个性、宣泄情感的一种途径，并且被人们广泛认可。

与此同时，裸露也成为刺激消费的一种主要方式。各种商家运用裸露的手段，吸引大众的注意力，尤其是各种媒体、娱乐杂志等，不断挖掘各种增长关注点的裸露，以此来获取更大的经济利润。各种影视制作媒体也通过裸露和色情的手段增长着消费。比如香港三级片的流行，好莱坞各种大片中主人公裸体的展示画面，都是为了提高上映的观看率，提高票房收入。"当代秩序中不再存在使人可以遭遇自己或好或坏影像的镜子或镜面，存在的只是玻璃橱窗——消费的几何场所，在那里个体不再反思自己，而是沉浸到对不断增多的物品/符号的凝视中去，沉浸到社会地位能指秩序中去等。在那里他不再反思自己、他沉浸于其中并在其中被取消。消费的主体，是符号的秩序。"① 在消费社会的催促下，身体为了迎合各种商品的消费刺激谋划，用裸露的手、裸露的腿、性感的红唇、裸露的乳房，甚至裸露的生殖器的形态来展示商品。

身体在裸露的表面下再也没有温度和感情的参与，而是形成了一种零度的表面，展示着身体的光洁、性感，正是这种裸露掩盖了身体包含的全部真实本性。人们误以为被身体承载的美丽、温柔、性感的特性在裸露展示的同时已经把这些身体特性丧失殆尽，仅仅为了展示而展示的身体是毫无表情的、僵硬的身体。如果说裸露曾经一度成为一种精神解放和展示真实的渴望和激情的表征的话，那么走到消费层次的裸露就完全丧失了赤裸的最初动机。"'标志和设计的'裸露意味着在它所编织的网格之后什么都没有，尤其是没有身体：既没有劳动的身体，又没有快活的身体；既没有性欲亢奋的身体，又没有破碎的身体。它在形式上超越了幻象中那个平静下来的身体所具有的一切，就像布里吉特·巴多一样，她'美丽是因为她衣着得体'。"② 脱离了身体和生命体验的裸露，即使再令人动情都不过是一种消费符号的复制和模仿。把身体重新降低为一种无性的、透明的、光滑的物的存在，这种存在附带了某种色情的因素，来刺激、撩逗观看者的消费欲望。而明明这种刺激、撩逗是最无情的、僵化的展示，这种零度的赤裸展示使得裸露本身陷落到一种空洞之中。这种空洞抹杀了人的存在，也抹杀了物的

---

① [法]让·波德里亚：《消费社会》，刘成富、全志钢译，南京大学出版社2008年版，第226页。
② 汪民安、陈永国：《后身体：文化、权力和生命政治学》，吉林人民出版社2003年版，第42页。

存在。

2. 身体的二元论

灵魂与肉体的对立：苏格拉底、柏拉图都是主张灵魂外在于并高于身体的。在苏格拉底之死中，我们被根深蒂固地植入了一种传统的思维模式：肉体是要被精神所遗弃的。"在此，柏拉图就显示了对身体的敌意。他基于这样的理由：身体对于知识、智慧、真理来说，都是一个不可信赖的因素，身体是灵魂通向它们之间的障碍。"[1] 作为需要死亡的身体是不能承载永恒和真理的，只有灵魂才是高尚的，才是能够触摸永恒的，只有灵魂才是能超越死亡的那种不变的自由，灵魂摆脱了肉体的束缚才能获得真正的自由。于是对于身体由来已久的敌视使得身体在灵魂和理性的界域中无限纠结。长久以来，身体在灵魂的无限扩张中被压抑。在中世纪，身体更是受到了基督之神的压抑，奥古斯丁把上帝之城与世俗之城对立起来，使得身体成为一切罪恶的根源。灵魂作为一种抽象，控制着身体，使得人的存在完全被约束在灵魂上帝所约定的规约里。身体是束缚自由的枷锁，是粗鄙，是低俗。直到文艺复兴时期，哲学与科学逐渐推翻了神学对精神存在的垄断，国家也逐渐推翻了教会对世俗社会的统治，身体才逐渐地走出了神学的禁锢，摆脱了长达数千年的压制。

灵魂与肉体的二分："马克思显然意识到了这一点，他随后立即赋予了意识一个物质基础，并且相信，身体的饥寒交迫是历史的基础性动力。身体和历史第一次形成了政治经济关系，

---

[1] 汪民安、陈永国：《后身体：文化、权力和生命政治学》，吉林人民出版社2003年版，第2页。

## 消费社会诚信伦理秩序构建的可能性思考

但是，这绝不意味着意识从历史的舞台上黯然隐退，相反，意识和意识形态在黑格尔的照耀下更加夺目。马克思相信，除了身体的基本满足外，还存在一个基本人性，这种人性的惬意满足是历史的最后和最高的要求。这样的一种人性理想当然不仅仅是身体性的，他还有一种丰富的内心生活，我们只能将这个人（以及毛泽东改造过的'新人'）纳入精神的范畴之中。显然，马克思在意识和身体的哲学双轨中跋涉。……结果，他自身的哲学出现了阿尔都塞所说的断裂，人一会儿是有待消除异化的精神性的存在，一会儿又是迷失在蛮横的生产方式中的冰凉身体。"[1] 这种对于身心的兼顾，同样走向了身体和心灵对立断裂的方向。

### 3. 身体的他性

人是一种被抛的存在，人的存在是充满了种种偶然的可能。人没有必然性，无论是存在本身还是生长可能。"我"没有某种使命，"我"的生命脱离了灵魂的负重，而变得轻浮。自从人们怀疑了苏格拉底的灵魂学说、柏拉图的理念论，颠覆了神学和教会对人的灵魂和世俗社会的统治，后现代伦理社会超越了人类理性的统治，经历了上帝死了、主体死了等一系列的颠覆之后，存在本身最终以身体的事实性面貌登上了历史舞台，并开始承担存在的主角。按照中国传统的说法来讲，存在恰恰就如身体内的血气运行，而这血气好似中医中对身体经脉运行的描述一样，并无精确的现代科学实验证明。这种血气因人而异，有的人血气旺盛、有的人血气不足，这玄妙而虚弱的存在，被

---

[1] 汪民安、陈永国：《后身体：文化、权力和生命政治学》，吉林人民出版社2003年版，第2页。

赋予了存在的重负，使得人类的血气更加不足，在存在的强大面前频频退缩。生命力，在尼采的生命意志中展示了最强大的能量，然而这种强大让大多数人感觉到畏惧，好似生命力畏惧了担负存在的责任一样，人们畏惧着尼采塑造的拥有强力意志的超人。于是存在干脆就落到了老老实实的身体之上——作为生命中唯一客观的存在物，身体以物的姿态承载着存在。身体没有办法再推卸和逃避，它默默承担着存在在时代中的种种演绎，道德的、混乱的、安静的、狂热的，无论哪种道德选择，身体都用自己有缺憾的方式，有限的、情绪化的、易被诱惑的、被伤害的、会病痛、会脆弱的方式承载着存在。

　　身体在这样的思维模式中被捆扎成一尊只有质料、没有形体的存在，在一种可以游荡的理念世界里穿梭。各自想象着各自的存在，无限地放大，同时也因为无法触摸而无限地困惑和痛苦。思想者的形象永远是严肃的，沉默的，紧皱眉头的。使身体枯槁成神的奴隶，感受着前所未有的压抑甚至是恐惧。作为身体和肉体的代表，大脑、语言、眼睛、耳朵、乳房、阴道、阴茎被独立呈现和彼此割裂开来，身体表征的不再是一贯的、连续的自我。我不知道前一秒钟的我和后一秒钟的我的联系在哪里，我完全不同于我。那虚幻的上帝之城里居住的是那些为自己辩护的狡辩者和虚伪者，人们没有在耶稣的救赎之下获得德福一致的报答。人们依然在诡计、邪恶和虚伪中生存，人们的灵魂同样没有因为抛弃了肉体而得到可证实的永恒和可感触的幸福。

　　身体与存在开始分裂，身体总是具体的，依附在一定社会关系中的，在人与人的感情纽带中的，在一定的政治体中的，

## 消费社会诚信伦理秩序构建的可能性思考

在公共秩序中的。存在抽离了这种具体,在一种抽象的一致中来讲述存在的姿态。身体倍加疲惫,一方面不能割舍身体所具有的附属属性;一方面不能摆脱存在本身的呼唤。身体企图在这种分裂中找到一种和谐,一种像海德格尔笔下的田园式的回归和诗意的栖居,回归到最本真的存在状态。可以在生命的幻想和想象中游离,用参与了自我喜好的、田园式的悠闲和慵懒的、体悟式的生命进程中,完成存在的主题。举现实的例子来说,虽然现在我们都有选择职业的自由,但实质上仍然有大多数人的职业是被强加的。很多人会对自己的人生和所过的生活,甚至是自己所表演的角色感到困惑和疑问。自己的角色和自己本身的存在出现一种疏离和分裂,自己成了符合角色的一个牺牲品,并在不断符合的过程中丧失自我。再也没有一种自我投入的职业,一种带来安全感的稳定社会地位,一种自我荣誉感和被认可的满足感充斥在我们从事的工作中,人们在确定和不确定的追寻中徘徊着自我的身体和思维,存在虽然延续着,却面对一地破碎。原有信仰的伦理秩序在理性的审视和偏私中被打破,"现代人似乎甚至比他最初开始怀疑他自己的身份时,更不了解他自己了"[①]。后现代情境中蔓延着这种前所未有的疑虑和自我虚空的孤独,这种孤独期待着人们能走出自我,在与他人建立的联系中,在信任和爱意的存在中重新获得生命感的真实。

被工具—劳累的身体:所有的存在都基于身体的劳累,无论是劳心者还是劳力者,身体被用作工具来实践存在。同样,

---

① [美]威廉·巴雷特:《非理性的人——存在主义哲学研究》,段德智译,上海译文出版社2007年版,第24页。

## 第二章 消费社会物化崇拜的伦理状态

在20世纪生存的人们，需要一个媒介来支撑自己的生活正常运转，那就是一个健康的身体，一个功能完整的、不阻碍人们朝向物质奔跑的身体。这个健康比以往的健康投注更多的关注，更倾向合理性，更精明算计，更大胆开放，也更快乐。身体给自己订立的价值和意义或者目标都成为合理的，可实现的，人们会在这种可实现中获得看似微弱的满足，这种满足填补着生命本身带来的缺憾，令脆弱的意义能持续。

当然现时代的健康代价也是很大的，在工作强度和工作压力极大的环境下，如何保持健康、健硕的体格，不偏执的性格，人们因此又投入了大量的金钱和精力。人们花费时间和金钱，让身体在健身房，在模拟的野营场度过。工具性的身体在后现代消费主义社会中一方面扮演创造财富的工具角色；另一方面又扮演被维护的、目的性的角色。

*被规训、制造的身体*：教育在一定程度上毒害着身体，教育本身传承着一种主流文化，而这种主流文化更多意义上被冠以统治者的意愿。个体没有自由，没有自由意志，只有在文化规训下的顺从，只有在社会中的驯服。任何一种对身体的摧残，都最快地达到被驯服的结果。身体的不能自我控制是作为人的社会个体的最大的绝望。一个家境优良的女孩要在小的时候就接受各种礼仪的规训，要培养一个被文化熏染和制造的身体。如何就餐，如何端坐，如何行走，经过长期的固定模式的训练，让身体屈从于文化定义的优雅和道德认同之中。

如何在社会秩序中安置你的身体？是一个符合社会需求的身体，一个打上了文化烙印的身体。而在"二战"集中营中，被纳粹残害的身体，则是一种理性对肉体的毁灭的现实。作为承载着知觉、情感、习俗、文化、生命意志和本能欲望的身体不能被理性完全逻辑化和统治，哪里有压迫哪里就有反抗。身体从神学道德、工业生产等领域反抗出来，又陷入了文化秩序、文明的规训里。福柯在《规训与惩罚》中讲道，现代社会会动用"层级监视、规范化裁决，监狱"等各种规训手段，来规训和造就个人，将个人操练成为预期目的的对象和实现目的的工具。从尼采以来，对肉体的拯救纳入了快感、欲望、利比多、无意识等因素。从社会的秩序中逃离出来的主观的、无序的、破碎的躯体，把非理性的因素和理性拿来抗衡。而消费主义的浪潮，使得人们的整个日常生活都被淹没到一种肉体的欢愉和感官的刺激中，大众文化在赤裸裸的色情和低俗的道路上越行越远，而更多的人被纳入到了大众的范畴。

生活在消费主义背景下的身体，除了商品和消费给予的瞬间的肉体快感和心理满足之后，依然是空虚和无助。因为这些商品和消费完全没有改变什么，仅仅是让我们产生了幻觉。

身体不能承受之轻：人们需要不断地被外界刺激，需要把自己安排得忙忙碌碌，否则人们在面对自己的时候，就陷入一种恐慌、焦虑。人对自身存在越真诚，就越会进入一种无助的虚空状态，人的自身存在就越不能找到依托之处。而似乎人存在所要面对和工作的就是逃避那种空虚感，逃离那种纯粹无所事事的沮丧状态。因为在那种毫无依托的存在中，生命没有自我体现的平台，没有自我展示的机会，没有自我认可的依据，存在就等于不存在。不能承受生命之轻，就是这个意思。

海德格尔对于存在真诚的回归，造就了思想的虚无。仅仅在这个世界上，我们所构想的理念世界崩塌了。人们在大地上四顾茫然，那彩虹色的空中之桥没有了。人们试图来重构这种桥梁，让人们把自己的灵魂引渡到彼岸，人们在存在的真实中看到了自己的有限性，却依然不屈不挠地想借助某种力量触碰或者获得无限。我们被休谟讽刺着，推向虚无主义的绝谷。然而存在并不因此就隐匿了它的表露，我们还是在感受着它，存在的真实感依然抛开虚无感，绵绵不断地向人们袭来。在漫长的岁月里，我们观察思考、面对存在本真的遮蔽，我们从来没有停止过我们的好奇。我们相信意义和无限的源头就是存在本身，也正因为存在本身赋予着生命一种走向无限的价值。

# 第三章  消费社会伦理存在的碎片化呈现

《世界新闻报》在2011年8月23日国际在线上有一篇《英国下决心收拾"破碎社会"》的报道：称英国在持续了近半个月的大规模骚乱渐渐平息之后，社会各界开始深刻反思引发这场骚乱的根源。卡梅伦政府也同时准备采取相应措施，整顿陷入混乱的社会秩序。2011年8月15日，英国首相卡梅伦在牛津表示，"英国社会病得不轻"，从银行业的危机到国会议员骗取补贴，再到窃听电话丑闻，人们看到了性质最为恶劣的贪婪、不负责任和权利滥用。当然除了英国出现的混乱和骚动之外，世界其他各国也正遭受着各种突发性社会危机、道德秩序混乱、社会及个体伦理存在破碎的危机，相关媒体称，大家应该一起努力改变这种情况。

在破碎社会中被指责、被揪出的罪魁祸首是人性的贪婪。贪婪造成了现代人心理不平衡的怨恨、造成了道德沦丧的丑恶现状。弗罗姆在《占有还是生存》中将人的心理存在状态分为占有式和存在式两种方式，占有式存在方式是指一个人试图将世界上的一切东西，包括每一个人，甚至包括"我"自己在内都据为己有，使之变为"我"的财产。这个被占有的"我"和占有物的"我"，同外在世界、同他人的关系是一种无生命的、物的关系。而存在式的存在方式是指一个人的存在并不是建立在他所拥有或占有的东西之上,而是建立在"我"的独立、自由、批判理性和理性批判、自我创造性、主动性,以及爱、给予,富有生命活力的鲜活、具体的存在之上,这种存在是一种主体成长的、积极的、变化的真实存在。

## 一 主体性的破碎

把所有经济上的满足都给予他,让他除了睡觉、吃蛋糕和为延长世界历史而忧虑之外,无所事事,把地球上的所有财富都用来满足他,让他沐浴在幸福之中,直至头发根:这个幸福表面的小水泡会像水面上的一样破裂掉。

——陀思妥耶夫斯基《死屋手记》

1. 自我的同一与差异

"自我是虚构的吗?也许它只不过是一个符号,一种幻象。"[1] 自我自从有了"我"与"他"的区别意识开始,就陷入一个如何塑造和生成自我的难题。大多数的个体自我是从模仿开始认知和成长的,模仿典型人物或身边亲近人物的生活方式,模仿人们普遍的或者个性化的语言表达方式,模仿自我关注的特殊肢体行为和表情,等等。模仿作为自我最初认知和理解人类行为的方式,是一种建构自我符号、自我幻象的开始。很显然,这种依据模仿生成起来的存在符号的确立和建构是如此的

---

[1] [英]凯文·奥顿奈尔:《黄昏后的契机 后现代主义》,王萍丽译,北京大学出版社 2004 年版,第 54 页。

富有偶然性和不确定性。

存在本身在具体存在中散播着无序性的事实，"我"的存在没有必然性可言，那个被抛在世界各地的"我"，可能出生在美洲、亚洲、欧洲，可能是富家豪门、穷人家庭……，这种千差万别的"我"的存在，因其多样性而变得单一，单一成一个什么也不是的"我"，在海德格尔的哲学里这被称之为差异性与同一性的具体与抽象问题。归入同一性中的"我"，从千千万万个自我的无序虚空中来，又复归到万籁俱静的虚空之中。"没有什么比万籁俱静这种没有激情、没有活动、没有消遣、无所事事的状态更让人难以忍受的了。此时他感知到的是他的虚无、他的孤独、他的不满、他的依赖性、他的无能为力、他的空虚。厌世、黑暗、忧伤、苦恼、无精打采、绝望很快就从他的灵魂深处升腾起来。"①这种绝望源自于一种生命力的旺盛、一种存在的伦理性证明的渴望。"人类一切不幸只有一个根源：不能无所事事地待在一间屋子里。因此能反映人特性的，不是丰富的内心体验，而是空虚。"②无法忍受的空虚，是个体占据存在之后对存在最大的挑战和质疑。"我"不是开端也不是结束，而是一种存在的中间状态，这种中间状态让每个存在的个体都感觉到自我总是行进在路上，总是被迫陷入一种不能到达的状态，这种永远不能到达的焦虑造成了存在命题里所有希冀和失望交织、充实和空虚错综的复杂状态。每一次询问、每一次出发收获的总是中间状态，收获的都是不确定的惶惑和不安。

---

① [德]彼得·毕尔格：《主体的隐退》，陈良梅、夏清译，南京大学出版社2004年版，第33页。
② 同上书，第36页。

第三章　消费社会伦理存在的碎片化呈现

为了排解这种中间状态的游离和虚空，人们在行进的路上看到了共同奔跑在存在中的他者，以他者作为参照物的存在使得个体在存在的行为表现中获得一种证明和确认自我的方式。一个个体在绝对的存在中被纯粹的虚无包围，然而在与他者同在的社会性伦理范畴内却找到了自我的排序和认证的可能。这种相对性存在让人们获得了相对稳定的自我认知，并实现了一种伦理判断的依据。比如人们习惯了以拥有财富多少评价一个人能力大小，或者以接受教育水平高低判断一个人社会身份尊贵或者卑下，以个体存在拥有和占据共有属性的特点来获得一个相对稳定的伦理认知空间和道德排序。在这种空间和排序中，人们建构一定的身份秩序和社会地位。

"现时代是表象的时代，世界得到了表象，实在成了与主体相对的客体"[①]，身体作为存在的表象，象征着这个时代的伦理表达方式。时间和空间占据在虚空中，人们用表象的概念证明着一种存在的真实。主体借助表象概念的虚空存在，在时间和空间中获得存在的意义的真实。这是虚空存在在主体中自我否定的结果，是借助于语言、概念所依附的一种流动的真实。人们相信在这种表象概念的存在中有一种相应的实在，这种实在与概念相互显现，相互表达。虽然人们无法确切地指出这种潜在的交互，但表象概念中存在的完满的逻辑推理和趋向于规律化的认识不断冲击着人们的好奇心，攫取着人们的信任。

2. 占有式基础上的破碎存在

"现代消费者已可以等同于这样一个公式：我就是我所占有

---

① 莫伟民：《主体的命运：福柯哲学思想研究》，上海三联书店1996年版，第19页。

和我所消费的一切。"① 弗罗姆认为心理可分为占有（having）和存在（being）两种状态或方式。占有方式是指一个人试图将世界上的一切东西，包括每一个人，甚至包括"我"自己在内都据为己有，变为"我"的财产。"我"同外在世界、同他人的关系乃是一种无生命的、物的关系。这种性格结构看重的是物，具有消极、静止、僵化的特征。存在方式是相对占有而言的，它是指一个人并不因为他所拥有或占有一切而存在，他的存在正是他独立、自由、批判理性、创造性、主动性，以及爱、给予、富有牺牲精神等的具体体现，这才是人的真实存在。这种性格结构注重人本身，具有变化、积极、运动的特征。

在这个穷奢极欲的时代背景下，我们很难再进入纯粹的存在式生活方式了。我们不占有，自有他人来侵占，就好像圈地运动的发生一样，人的存在也面临着这样一种占有式的侵占。对财富拼命的占有和对利润的最大化的追求是消费社会的主流。海德格尔笔下的诗意的栖居似乎距离这个时代已经变得遥远了。虽然人们还在标榜，还在寻求，却明明朝着相反的方向。大多数的人把占有财富和资源当作唯一合理的、值得追求的生活方式。因为我什么也不是，我不过是物质拥有者的组合，更多时候我们只是为了占有，而不是为了使用它，或者出于对它本身的欲望。"利己主义不仅仅是我的行为的一部分，而且也是我的个性中的一个方面。利己主义的意思是说，我想把一切都据为己有；能够给我带来欢乐的不是分享，而是占有；我不得不总是那样贪婪，因为占有就是我生活的目的，我占有得越多，我

---

① ［美］埃·弗罗姆：《占有或存在：一个新型社会的心灵基础》，杨慧译，国际文化出版公司1989年版，第2页。

的生存实现得也就越多；我对其他所有的人都抱有一种敌视的态度，我想欺骗我的顾客，毁灭我的竞争者和剥削我的工人。我永远不会满意，因为我的愿望和要求是无止境的。我嫉妒那些比我占有得多的人和害怕那些比我占有得少的人。但是，我必须要驱除所有这些情感，像所有的人那样面带微笑，装成是一个理智的、诚实的和友善的人。"① 比如，有的有钱人花两百万让儿子考了直升机驾驶证，而又根本不需要儿子去开直升机，他仅仅是为了在别人问起儿子是做什么工作的时候，能有一个体面的回答。直升机驾驶证仅仅作为一种体面的炫耀，存在于他的消费生活中。

资源、资金、人脉、艺术品，甚至情人、朋友和自我实现的机会，都被富人不断地占有，使得越来越一无所有的大众不得不更加疯狂地追求维护自身存在的物质基础和资源，人们在这种逼迫感的驱使下，不惜用尽各种办法获得一种占有式的心理优越感。"每个人都以自身为目的，其他一切在他看来都是虚无。"② 当占有式的生存策略被更多的人认可，更多的人对占有表现出更大的激情的同时，当数字以各种物的和量的概念代表着一种拥有时，它揭示和表述的就是一种占有的生存方式。正是这个贪婪的社会使得占有成为基本的存在方式，追求、保存和增加财产才成为占有式存在的伦理规范。

弗罗姆在谈到占有时，引用了三首小诗：第一首是19世纪英国诗人丹尼生的作品："裂开的墙缝中有一朵小花/我把你从

---

① [美] 埃·弗罗姆：《占有或存在：一个新型社会的心灵基础》，杨慧译，国际文化出版公司1989年版，第8页。

② [德] 黑格尔：《法哲学原理》，范扬译，商务印书馆1996年版，第197页。

墙上摘下/连根捧在我的手中/小花呀——假如我能明白/你，连同这些根，以及这一切/我就能知道/何为上帝，又何为人。"① 弗罗姆认为这是一种"摧残式"的占有。这样的占有，时间极短也极为残酷。这种占有以那朵开得正好的花儿的生命为代价，占有的结果却是迅速的枯萎。也许到这时候，占有人才会领悟，不该让它仅为自己而开。那散发在花的生命中的极致的诱惑，带来了最彻底的摧毁和虚无。

第二首是17世纪日本诗人松尾芭蕉的一首小诗："我凝神观注/矮篱上/荠菜花开放！"② 这显然是另一种旨趣，是作者对生命的一种珍视。这种占有只限于"观注"，既没有把它摘下，也没有轻轻爱抚，是一种纯粹的审美思考，一种"观注式"的占有。弗罗姆认为作者"想和花融为一体，成为同一者——赋予它以生命"。因此，这种凝视而产生美感的描述，本身也代表着一种并不攫取的占有。

第三首是歌德的小诗："我在森林中，独步漫游/不寻觅什么，只顾行走/忽见阴影下一朵小花/似星斗闪烁，频频秋波/我欲摘下，但闻花语：/我该折断？该枯萎？/我连同小根掘出土来/携它一起到花园屋旁/重新种植在静谧之处/它枝叶繁盛永持娇颜。"③ 这首歌德的爱情诗是在他饱历感情波澜的痛苦之后，遇到他未来的妻子而写下的诗句。这与前者都不同，既不是摧残式地占有，也不是观注式地占有，而是"生存"式地占有，

---

① ［美］埃·弗罗姆：《占有或存在：一个新型社会的心灵基础》，杨慧译，国际文化出版公司1989年版，第20页。
② 同上书，第21页。
③ 同上书，第22页。

以共生为前提的占有。

三首以占有为话题的诗,给了一个选择占有的前提。这个前提成为存在发生的背景。没有占有就没有生存,然而三种占有模式追根究底依然是一种彼此虽有联系却独立的自我存在。第一首以死亡的方式宣告了占有的失败;第二首以同在的方式隔离了占有的可能;第三首以欣赏共生的方式表面上完成了占有,却依然在彼此的距离间隔离着占有的可能。无论是主动占有的人,还是多数被动陷入占有生存方式中的人,都没有将占有进行到底,占有在另一个领域中来说本身就是一种虚妄的存在,是不能超越的距离。社会存在被占有式主导,因为占有而产生的破碎和断裂相应而生。

3. 重拾存在式占有的伦理性思考

安·兰德在《自私的德性》中为自私的德性作了生命维护意义上的辩护。她认为维护人自身的道德生存权需要这种自私的占有,生命是价值和道德判断的存在前提,只有保存了有机体的生命存在,才有可能来论述道德与否。而所有的善恶判断的标准对于个体生命来说就是,维护生命存在即为善,威胁生命存在即为恶。生命在秩序中体现一种通过延续的过程能够获得和保持的价值意义,而这种价值和意义需要理性来审视和把持。这无疑是给理性增加的负担和责任,把自私的德性交付于理性来判断,评判的标准就是生命本身的维持。合乎社会理性、个人理性的占有是有德性的占有,超乎理性的、为了占有而占有的占有本身是被理性所评判为恶的,而自私与贪婪的界限似乎就在于这一点。

虽然说占有本身是一种虚妄,但是占有作为一种存在现象,

## 消费社会诚信伦理秩序构建的可能性思考

不能不被关注。后现代的反思中，对于占有也有了新的认识。人不可能做到绝对的占有，占有就被暂时和阶段性分解了。以占有为主导的存在式的生活方式会被多数人所接受，生命需要在维护自我安全的基础上、满足基本需求的基础上来进行生命本身该具有的生命体验、生命领悟和过程经历。就像《赛德克巴莱》里叙述的存在方式一样，对猎场的占有和维护是生命本身的职责和荣光。只有在猎场存在的基础上，部落的人们才有可能进行存在式的自由生活。否则，存在方式本身就是对生命的一种屈辱。占有本身的表现就是毁灭，就是无法占有，就是被全球化冲击下的破碎。人们看到了自我存在和占有方式的局限性，想借助理性架构的桥梁突破伦理性存在而达到无限，"只是由于人身上的各种单独的力都彼此隔离，并都妄想独自立法，这些单独的力才与事物的真理进行抗争，并强使平常由于怠惰和自满自足而停止在外部现象上的共同感也去探究事物的深邃"[1]。人们捕捉到的存在本身不是被证实的东西，而是基于信仰、猜测而得到的东西。

  在漫长的岁月里，人们观察思考，面对存在本真的遮蔽，从来没有停止过好奇。即使理性被休谟讽刺着，推向虚无主义的绝谷也并不因此就隐匿了它的表露。人们相信意义和无限的源头就是存在本身，人们沿着生命痕迹中隐隐约约被走出来的一条小路不断前行，这条小路因为有了前面的铺设，所以它延续的方向和目标也逐渐地被存在本身所接纳。人们的存在本身以某种个性、自我的呈现，以符合某种角色的姿态存在着，更

---

[1] [德] 哈贝马斯：《哈贝马斯精粹》，曹卫东选译，南京大学出版社2004年版，第411页。

相信个性和自我有连绵的延续性，而不是以一种毫不相干的断裂和破碎的方式存在。只是这种延续性以隐晦的方式呈现，在真实存在中常常表现为一种破碎状态。在失序和破碎中反思的人们，在伦理秩序的混乱、生死界限的跨越、道德底线的沦丧中，寻找着那些被历史的风尘遗留在废墟里的宝藏，用今天的擦拭和重组构建新的伦理家园。

占有依然被不可动摇地安置在首位，其次的存在在占有的基础上被关注、流行起来。一位老师回忆当年父辈的生活，他一边感叹着时代的变换，一边说"那时的我们只要没有人饿得哭，对父亲来说就是很欣慰了。"父亲留给他的所有印象就是干活，甚至有一年大年初一他和一群孩子在家门口玩儿的时候，父亲背着镰刀和绳子去山里砍柴了。他说："有一年的大年初一我和伙伴们正成群结队的玩，我看见了扛着扁担的父亲去山里砍柴了，那一刻一直都刻在我的心里。父亲把辛苦挣的钱给我买了新衣服和鞭炮，而父亲大年初一把自己给了大山，给了我们家的柴和温暖。"当年的父辈对存在的责任就是生存本身，占有所面对的也仅仅是生存的问题。然而到了今天，人们更看重的占有直接定义了存在的身份和地位，按照占有的资本所划分的等级和阶层，人们自己把自己清晰地归类。消费社会中的人不再直接面对存在和生存本身，而是直接面对资源的占有、身份等级的划分等。

"鲍曼相信，后现代的世界是一个无根的陌生人的世界。在这个世界当中，男人和女人们企图生存下来，并通过消耗他们偶然获得的个人资源去创造意义。在这个世界当中，人们不具有由较高的权利强加的绝对的道德准则的鼓励性的指导。当这个世界的居住者面对伦理的困境时，他们不再能够把它们'向上'提交给官员、教授、政治家、科学家或者所谓的扮演某种道德祭司的'专家'。他们能够——事实上，他们不得不——为自己选择在特殊的境遇中需要遵循的某种行为规则。"① 生命需要在维护自我安全的基础上，在满足基本需求的基础上来进行生命本身该具有的生命体验、生命领悟和过程经历。就像《赛德克巴莱》里叙述的存在方式一样，对猎场的占有和维护是生命本身的职责和荣光。只有在猎场存在的基础上，部落的人们才有可能进行存在式的自由生活。否则，存在方式本身就是生命的一种屈辱。然而占有本身的表现却是毁灭，是无法占有，是被全球化冲击下的破碎。自我存在被自我占有所阐释，同时自我占有又定义着自我存在。

曾经一度所有的指向都定位到人性的自私和贪婪，社会问题的出现，人们都讲到人太自私，人性太贪婪。然而自私本身却是维护生命必须有的道德现象。因为在现代社会，自私是自我防卫的法宝。稍有疏忽人就会被侵占了自我生存的空间。"人不为己天诛地灭"，就是这个道理。在没有道德约束、没有伦理秩序保护的人群中，人的自私日益成为自我保护的本能。

## 二 道德性的碎片化呈现

1. 人类文明的断裂与延续

人们从上帝之城的构想中掉落下来，继续为身体和生命体

---

① [英] 丹尼斯·史密斯：《后现代的预言家：齐格蒙特·鲍曼传》，萧韶译，江苏人民出版社2002年版，第21页。

架构存在的栖居之所，是人类永不停息的工作。"人只有这样的选择：建构一种好的、理性的或糟的、反理性的关于绝对的概念。为自己的思想意识建构一个绝对存在之城，是人之本质，这种建构与自我意识、世界意识、语言和良知一起构成了一个不可分割的结构。"① 如何从构架的虚空角色中体验生命真实？两次世界大战以后，人们建构的历史和理性的文明已经被战争完全摧毁。人们曾经以为精妙的人类文明和可靠的理性带着私有的偏执，把人类带入了野蛮和杀戮的深渊。现代文明的早期扩散和殖民侵略紧密相关，它运用战争和殖民的手段完成了资本的原始积累，客观上推动了整个现代文明的全球化进程。

在这个过程中，先进文明标榜的伦理秩序恰是自私和贪婪的无限膨胀、邪恶越过道德实施最无所顾忌的占有。在这样破碎化的时代背景下，人们很难再进入纯粹的存在式生活方式了。中国人要是不占有对国家领土、领空、领海的主权，就要被觊觎中国的他人抢夺侵占。越来越多的人把占有财富和资源当作唯一合理的、值得追求的生活方式。因为"我"什么也不是，"我"不过是物质拥有者的组合，更多时候人们只是为了占有，而不是为了使用，或者仅为了满足自身需求的欲望。比如占有多套房子的人，他不是为了使用，甚至不是因为喜欢或者专长于房子的设计等，仅仅只是为了在别人面前炫耀时说"我有二十套房子"，作为一种数字来填补的虚荣性满足，他在乎的只是占有的"数量"。而这种"数量"，正是消费社会吹捧、信奉的邪恶之源。

---

① 刘小枫：《现代性社会理论绪论：现代性与现代中国》，上海三联书店1998年版，第249页。

然而人们不可否认的是，在现代文明的文化层面上，科学性是整个文明和文化内容的基础和灵魂。它强调破除迷信、解放思想、实事求是，注重现世生活的实际利益，要求存在者最大限度地利用所占有的资源，以最小的成本获取最大的收益。这同时也是消费社会文化建构的基础。另外，消费社会的运作模式依然是在工业化基础上的社会运作模式。消费社会本身就建立在一个巨大的工业化模式的场域里，所有的繁荣景象、消费服务模式和娱乐刺激都是附着在工业化模式运作基础上的。

2. 人类道德的废墟性破碎

人类传统的道德文明在战争、金钱、身体的感性混乱中已经被完全摧毁，身体需求本身是否仅仅被看成是一种任意性的欲望呈现。如果身体重新陷入一种文化任意性，呈现的就是一种混乱，那么身体的解放就无从谈起，因为身体本身就指向着虚无。附着在身体上的"我"也只是顺着某种自然生长状态来呈现，而这种自然状态也因为可能被冠以种种文化的、文明的规范形式而变得不再确定。

道德的中间状态：如何从构架的虚空角色中体验生命真实？"人只有这样的选择：建构一种好的、理性的或糟的、反理性的关于绝对的概念。为自己的思想意识建构一个绝对存在之城，是人之本质，这种建构与自我意识、世界意识、语言和良知一起构成了一个不可分割的结构。"[1] 同样，黑格尔说现实中道德的完成状态是永远也达不到的，我们现实中所认识的和接触到的种种道德行为和具备道德素养的人，他们所传达的道德状态

---

[1] 刘小枫：《现代性社会理论绪论：现代性与现代中国》，上海三联书店1998年版，第249页。

第三章 消费社会伦理存在的碎片化呈现

也永远是处于未完成状态的。黑格尔将这种未完成状态的道德状态称为道德中间状态。

道德秩序总体性的破碎：当普遍性社会存在旧有伦理秩序破坏，在被公众认可的时代伦理秩序尚未形成中间地带，人们被种种道德现象和不道德现象冲击、左右，发生在身边的种种事件代表着人类文明延续下来的各种道德禁忌、道德底线的打破，使人们在瞠目结舌之余，面对着破碎社会的人们只能耸耸肩，表示一脸无奈。彼此漠视是时代造就的道德，因为划分界限和各自占有是后现代伦理存在的道德方式。我们身边总是不断地发出惊呼声，网络上、媒体上、报纸上不断刊登的爆炸性新闻让人大跌眼镜。道德冷漠、道德麻木、毫无禁忌的道德秩序破坏、违反常规思维的道德行为，都活跃在当今的时代中。人们围观、嘲笑、起哄，内心却毫无依托和警戒。没有任何依据能让人们相信伦理秩序的存在和道德理念的真实可靠。虽然人们的良心和人性本身都有一个声音在提示着，只是这种提示的声音被时代的喧嚣和浮躁掩盖得虚弱至极，人们几乎或者再也听不到它的声音。人们在喧嚣的时代中用狂欢和肆无忌惮把道德的废墟破碎到底。"后现代生活策略的轴心不是使认同维持不变，而是避免固定的认同。"[①]漫步者、流浪者、观光者、比赛者成了大多数人在其生活的主要时间和生活世界的中心地带的行为方式。再也没有一种稳定的地位、一种职业、一种称号来安慰生命，在确定和不确定的追寻中徘徊的身体和生命体，面对一地碎片和不可靠的身份，原有属于信仰范畴的伦理秩序正

---

① [英]齐格蒙特·鲍曼：《个体化社会》，范祥涛译，上海三联书店2002年版，第8页。

在被理性范畴的伦理境遇打破。

3. 读图时代的审美性破碎

这是一个数字媒介掌控信息的时代，其中图像和影像的传播方式改变了大众的审美方式。图像与影像的显性特征使得人们在获取信息方面有了前所未有的便捷。人们无须深入地思考，无须反复地分析和理解，便能直观感知图像的信息和因此而附带的愉悦。"影像的观看使我们外在于自己的内心世界，使我们消极被动地在感觉诱导的满足中，与审美对象建立起一种轻率的同时又并不牢固的现实联系。"① 看照片只需要辨认，看文字却需要理解。照片把世界表现为一个物体，而语言则把世界表现为一个概念。照片具有脱离现实和语境，并把很多没有逻辑、彼此无关的事件和东西堆积在一起的能力。像电报一样，照片把世界再现为一系列支离破碎的事件。在照片的世界里，没有开始，没有中间，也没有结束。"世界被割裂了，存在的只是现在，而不是任何一个故事的一部分。"②

"从'经济文化'的角度看，当代'读图时代'的图像霸权，具体反映在当代文化的符号产生、流通和消费均呈现出一种图像中心的模式。"③ 图像作为信息或宣传资料，广告或者直接性的娱乐消费品，成为消费社会占据主导地位的生活模式。从商品的生产、外观的设计、品牌的标示、广告的策划以及消费市场的布置均依赖于图像。图像成为非物质性的生产资源被商品和消费时代所崇拜，成为商业竞争模式中最主要的竞争资

---

① 彭亚非：《图像社会与文字的未来》，《文学评论》2003年第5期。
② [美] 尼尔·波兹曼：《娱乐至死》，章艳译，广西师范大学出版社2004年版，第98页。
③ 周宪：《从文学规训到文化批判》，译林出版社2014年版，第111页。

源。即使商品自身的品质大致相当，但因其图像资源的认可度的不同，即可实现完全不同的消费结果。从另一种意义上来讲，商品的图像资源本身就成了一种生产力。拥有名牌、被名人代言，本身不过是一种商品图像的幻觉，对商品本身的使用价值并没有产生变化，然而在消费社会中，这种图像的象征价值远远比商品本身重要。

## 三 消费的癫狂

### 1. 物的功能性紊乱

以前人们的生活物质匮乏，而今物的急剧繁殖却给人带来了焦虑和恐惧。人的欲望被空前激发，加之物的更替日新月异，将人对物的欲望拖入无休止的"升级"游戏中。随着物不再是满足基本需求的功能，它的使用价值被交换价值和符号价值替代，使得物丧失了纯粹作为物的功能，在"物解放"的幻象中，在无数被附加的功能中，催生了人的消费性癫狂症。为了买到最新潮的苹果手机，不惜彻夜蹲守购售点；被"双十一"疯狂消费诱惑的人，成了"剁手党"。实际生活的例子更是血淋淋，让人瞠目结舌。

市场经济要不断更新，催促新的卖点。商品生产商在物的内部体系已经闭锁的情况下，在一种伪技术进步的宣传中，不断膨胀物的附加功能，使得物体系不断像泡沫一样越吹越大。物向外膨胀的附加功能被无限开发。例如，在发动机没有任何结构性变化的情况下，人们只能将外在于物系统的介入视为创造性的进步。这是一种伪技术性的进步。制造商通过不断改变汽车的颜色、形状、车门的位置等形式来构成消费社会商品的新形式。各种封闭的物系统被附加了各种各样的"细胞",这种非结构性的介入,不是为了凸显商品的使用功能,而是制造了一种商品功能性使用的紊乱。"每一件物品代表一种功能,其分类常是微细而不规则的、毫无建构意义系统的企图。"① 这就导致了物的功能性丧失或者无限多功能。这种功能性紊乱导致了消费的癫狂。

2. 过剩性自由

许多现代器物被生产的初衷,本是人体器官的一种延伸,满足和解放人体功能。越来越多的器物代替了人自身,导致人体器官被闲置、退化。这些隐蔽在积极和狂热追求后面的负面效应,让人们不寒而栗。电视把人们封锁在客厅里,制造着一种可以洞悉世界时事的假象。电脑互联网变成了全球人脑的集成。人的身体日益变成电子产品的附件,有了建立在高科技基础上的随心所欲的表达、传播和交流的自由。相反,在一定意义上来说,身体已经被这些高科技生产物牢牢地禁锢了。

物作为人体器官的延伸,将人从一定的消耗和劳作中解放出来。然而,这种过度的解放所造成的过剩性自由,使得物与人的关系发生了质的变化。人与物空前紧密,甚至可以相互替代的关系,使得物成了人,人成了物。物与人的关系的改变,彻底改变了人与人之间的关系。人可以不需要人,却不能没有物。人可以生活在电子产品的世界里,用互联网和电子机器代替和服务一切生活所需。人与人的关系在这个时代变得极端的

---

① [法]尚·布希亚:《物体系》,林志明译,上海人民出版社2001年版,第2页。

疏离。人作为人与人交往的社会性的本质，在电子产品的时代遭受了挑战。

3. 奢侈性消费

从人类的历史发展来看，社会文化的主流似乎一直在倡导节俭、勤奋，对奢侈的生活总是持否定的态度。然而，事实上，奢侈本身从未离开过人类。古代的皇家贵族以带有炫耀性的奢侈活动为标志，象征自己的社会地位。现代社会同样以消费奢侈品作为社会身份的一种认可。这两者虽在本质上有所不同，但奢侈性占有与社会地位的相互证明，有一种无法忽视的内在性的逻辑。

奢侈性消费随着社会经济的发展，日渐走向社会的前台，走向大众，颠覆着传统的文化观念和消费理性。奢侈性消费被定义为一种超出生活必需的消费行为，是一种和人的生存没有必然关联的消费活动。在一定的意义上，奢侈性消费是一种带有炫耀性的，对资源不合理配置的浪费行为。然而，也有人觉得奢侈型消费是一种必要的存在。如让·波德里亚所说："所有社会都是在极为必需的范围内浪费、侵吞、花费和消费。简单至极的道理是，与社会一样，在浪费出现盈余或多余情况时，才会感觉到不仅是在生存而且是生活。……在任何时代，君主贵族阶级都是通过无益的浪费来证明他们的优越感的。"[①] 因此，奢侈性消费不会因社会伦理和道德的约束而有所减少，只会随着社会物质的丰盛，越来越走向极致。

---

① ［法］让·波德里亚：《消费社会》，刘成富、全志钢译，南京大学出版社2000年版，第24页。

# 第二部分

## 消费社会伦理秩序建构的基础

制造业的日益发达，加速了物的死亡周期。"在以往的所有文明中，能够在一代一代人之后存在下来的是物，是经久不衰的工具或建筑物，而今天，看到物的产生、完善与消亡的却是我们自己。"① 对于物的包围和围困，人的思维若能清晰，若能始终坚信："在奢华与丰盛之中，它（物）是人类活动的产物。制约它的不是自然生态规律，而是交换价值规律。"若人在消费活动中能保有主体性，在交换价值规律的运作中始终处于控制者的位置，若人作为理性的消费者，若人在消费社会大众媒介的文字游戏中，能透视和抵制自我的眩晕，那么，记者和广告操纵和导演的虚构物品和事件仅仅作为笑料和肤浅被不屑忽略。然而在这个住满了陌生人的拥挤的社区、这个破碎而断裂的世界，毫不相关的各种信息充斥在周围，鲜有文化和理性能经得住信息爆炸的冲击，坚守自己的阵地。

"劝导和神化并不完全出自广告的不择手段，而更多是由于我们乐意上当受骗：与其说它们是源于广告诱导的愿望，不如说是源于我们被诱导的愿望。"② 就像赫胥黎告诉我们："在一个科技发达的时代里，造成精神毁灭的敌人更有可能是一个满面笑容的人，而不是那种一眼看上去就让人心生怀疑和仇恨的人。

---

① ［法］让·波德里亚：《消费社会》，刘成富、全志刚译，南京大学出版社2000年版，第2页。

② 同上书，第137页。

在赫胥黎的语言中，老大哥并没有成心监视着我们，而是我们自己心甘情愿地一直注视着他，根本不需要什么看守人。"①

　　理想状态的理性是一种需要创造条件的幻觉，需要吸收各种信息，运用准确的判断力对其加以保护，以防止真正的理性状态被虚假性的理性蒙蔽。理性对于秩序的幻觉即将各种事物归置各种位置的幻觉，此境遇中，每一事物处在恰当的位置而不在其他地方，是理性本身对于秩序的想象。然而"人工秩序的任何片断中都无法保持事物的'恰当位置'。它总是到处错位"②。人类理性总是在设计和规划着一个完美的计划，一个步骤，一个表达了先后顺序的秩序性存在，然而，现实实现总是把理性想象实践得一塌糊涂，没有人能完整、绝对地达到理性构想的状态，有时候理性指向的是一种理想状态，然而理性也预期了这种距离和差距，理性能思考到一切可能，却无法全部达到预期，意外和无法控制总是充满在存在里。

---

　　① ［美］尼尔·波兹曼：《娱乐至死》，章艳译，广西师范大学出版社2004年版，第202页。
　　② ［英］齐格蒙特·鲍曼：《后现代性及其缺憾》，郇建立、李静韬译，学林出版社2002年版，第2页。

# 第四章 消费社会伦理秩序维系的主观根源

理想主体想要依靠的不是他者，也不是他物，而是自身，这既是他的理想之处，又是他的疯狂之处。"因此，理性的他者可以说就是遭到分裂和压迫的主观自然的生命力；就是浪漫派重新挖掘出来的梦幻、想象、疯狂、狂欢和放纵等现象；就是一种解中心化且得到理性他者授权的主体性以肉体为核心的审美经验。"[①]

## 一 爱与血缘关系：伦理秩序的生命之端

### 1. 爱与怨恨：伦理秩序建构的情感基础

千百年来，人们歌颂爱情，赞美亲情，把爱的感情作为一种神圣之物顶礼膜拜。因为爱的存在，人类才有了更加丰富的内涵，生命才有了重量。

最原始的生命冲动：我们不能否认母亲或者扮演母亲角色的人对我们成长所起到的重要影响，作为伦理感情的第一人，

---

① ［德］哈贝马斯：《现代性的哲学话语》，曹卫东等译，译林出版社2008年版，第320页。

## 消费社会诚信伦理秩序构建的可能性思考

母亲，对伦理生命建立了伦理的根基。

母亲作为爱的象征，就是呵护、奉献的符号。因为爱的情感，母亲无法割舍对孩子的情感，为孩子的生命打下了伦理概念的基础，也是伦理秩序发生的最初端倪。有很多母亲恰恰是因为孩子的存在，才忍受着生活的巨大压力，丈夫的暴行、不忠，生活的拮据，大多数的母亲在孩子面前都扮演着保护者的角色，哪怕自己的衣衫湿透，也不舍得让孩子遭受风雨吹打。孟子讲人有四端，其中说到人有恻隐之心，恻隐之心本身就是一种爱的能力的表达，是一个人在自身爱的情感本身不缺失的基础上，对他人的爱的能力的流露。见父母兄弟自然知孝悌，是一种人性最初的伦理状态。爱是一代代传承的责任，我们受恩于父母一代，而又施惠于下一代，之间传递和传承的就是爱作为伦理生命本身的责任感。

当然不排除不懂得爱的人嗤笑对于爱的大肆谈论，他们生活在另一个维度中，一种爱的缺乏的维度中，他们会说没有爱也可以生存，甚至生存得更易满足。也有的人觉得爱是一种负担，一种麻烦，不愿意承担的责任。每个还没有成熟的人，没有结婚生子的人都可能讨厌过孩子。因为社会生存压力的增强，很多人选择逃避承担爱的责任，认为自己完全独立于社会和世界中，作为完满的个体而存在，也能独自实现自我的价值和梦想。很多人能够接受他人的爱和照顾，却不会表达自我的爱，不会付出，不会爱别人。尤其是对现在的孩子们来说，接受爱已经成为司空见惯的事情，而付出爱却难上加难。或许不是主观没有意识，也或许不是不愿意表达，只是他们没有过爱别人的经历，没有过付出爱的体验。他们不懂得人生生命的真谛不

第四章　消费社会伦理秩序维系的主观根源

在于得到爱，而在于懂得付出爱。真正懂得爱的人，是会付出的人，是会爱别人的人，是会在爱别人的过程中感受到自我幸福的人，在爱的过程中肯定自我，实现自我价值的人。

爱同食物和水一道，在生命的最初被赋予，作为一个真实存在物来说，人是一个最初的爱之存在者。这种被爱的因素定义的存在，是先于被人们标榜的我思故我在、我的权利意志、我买故我在的。我们对于生命个体来说，我爱和被爱故我在，是最恰当不过的。爱的参与是人的自我感受、自我认可最初的建立样态。爱滋养着被人们感受的价值对象即人的性情和人的心灵。在人的性情和心灵里，埋藏着存在的秘密并不比真理中的少。心灵是一套完全有着自我运作的独立机制，它使得人们的伦理生活和存在本身获得丰富的内容和确切的秩序。通过心灵本身人们洞察着自身的有限和广阔，规定着存在的规则，制定着存在的意义。

怨恨—爱的缺乏："一个自己遭遇不幸或自己无意中造成的不幸，远远超出了人的情感定义能力和道德判断能力。人们期待生命中幸福的相遇，而一生中遇到的大多数是误会。生活是由无数偶然的，千差万别的欲望聚合起来的，幸福的相遇——相契的欲望个体的相遇是这种聚合中的例外，误会倒是常态。误会就是不该相遇却相遇了，本来想要遇到一个你，却遇到了他，该归罪于谁呢？个体欲望的实现需要一个对象性的你，一旦我的个体欲望把一个他的个体欲望认作是我需要的你，误会就出现了。……活着，但要记住，意味着生命的爱的意志比生命的受伤更有力量。"[①] 心灵的第一规则就是爱，反之就是爱的

---

① 刘小枫：《沉重的肉身》，华夏出版社2007年版，第52页。

缺乏而衍生的怨恨。毛泽东说，没有无缘无故的爱，也没有无缘无故的恨。爱与怨恨相互彼消我长，爱的需要和期望一旦没有得到和实现，就会滋生怨恨。这就是夫妻之间为何存在爱与恨交织而成的复杂的感情一样，因为相互的期待总是被疏漏、相互的怨恨又彼此被爱消解。爱是生命的主题，只有爱才能令一个生命获得健康正常的性格和遭遇，否则，一旦生命被爱的欠缺而生的怨恨占据，生命就进入一种激烈的情态中。怨恨"是因强抑某种情感波动和情绪激动，使其不得发泄而产生的情态"[①]，怨恨比爱更持久地存在在我们的身体里，它促使着生命去行动，去弥补。

时代的发展已经把人性带到了充满惊恐、满身疮痍的境遇中，人们再也不敢轻易在独立个体的身体外部投入感情和爱，因为伤害总是随之而来。现代人的理性判断是伦理行为选择的基础。因为爱与怨恨所建构的激情形式对没有受过教育和专门教养训练的人来说最直接，然而对于受过人类文明熏陶的现代人，对爱对怨恨的表达都因为理性的参与而发生了变化。

2. 血缘关系：伦理秩序建构的事实基础

中国家族式的血缘伦理：每个人的出生，作为存在的先决条件是血缘关系的存在。不可能没有母亲而有孩子的出生，同样，不可能没有血缘关系的事实而有个体存在的发生。所以母亲就成了每个个体存在的自然而然的最直接的伦理关系的构筑基点，这个基点衍生了一个个体存在的伦理秩序的网络。中国人最常见的家谱，就是这样一种伦理关系和伦理秩序的证明、

---

① ［德］马克思·舍勒：《价值的颠覆》，罗悌伦译，上海三联书店1997年版，第7页。

记录。虽然中国的家谱都以父系的家族为准，但是生命直接面对的伦理关系点是母亲，当然母亲也就引申着父亲。于是父母成了最基本的个体伦理关系网络的构筑点，这也是中国人之所以看重家庭伦理秩序的最终依据。

对中国传统家族式的血缘亲情在传统的农民家庭，表现为祖孙三代共在一个屋檐下生活，男子对家族关系的传承，维系所起到的重要枢纽作用。在这样的家庭中，看重男子对于家庭血脉的传承，父子、祖孙之间可以相互替代，没有你我之别。在时空的错觉里，他们扮演着同一个角色。在这样的家庭里，家庭伦理关系表现出的长幼尊卑，使得家庭成员的身份秩序排列比较严格。这也是中国人重视尊卑秩序，社交礼仪的一个传统沿袭。

民族、地缘式的伦理亲情：在大学生活里，有一部分重要的人际关系的建立是从老乡会、民族会开始的。在校园里常常看到同一民族、类似装扮的人走在一起。物以类聚，人以群分，地域关系、民族特征也是人们自我划分的一种依据。中国人看重老乡，看重同民族、同信仰的人群，喜欢把自己归类，在自己的类别和归属里获得生命体验和归属感。宋朝洪迈的《得意失意诗》中说道："久旱逢甘雨，他乡见故知；洞房花烛夜，金榜挂名时。"这被中国人称为人生四大得意事的其中一件就是他乡遇故知。

3. 道德责任：伦理生命的理性承担

如果说一个生命的出生是一个开始，那么它一定是一个被爱和爱的网络建构的开始。没有一个人能逃脱爱的感情的困扰，也没有一个人能剥夺一个人被爱的权利。存在伴随着的就是爱

消费社会诚信伦理秩序构建的可能性思考

的发生的场所的建立，每一个个体就是这个场所的所在。"我是谁？我是一个人或上帝的孩子。我生活的基本目的是什么？是爱与被爱。"① 每一个个体都是在爱的环绕中出生、成长的，如果事实上不是，它本身就成为一种缺陷而存在。一个出生需要照顾的、需要被疼爱的孩子，仅靠自身不能完成自身生存的过程，于是爱成了生命生存之本，一个孩子没有父母的爱和照顾，没有成人的呵护，很难存活下来。人本身的局限使得人在一生的成长、成熟的历程中都需要被爱和爱他人。只有在被爱和爱的关系中，一个人才能组建自我的关系网，在社会中拥有自我存在的价值和意义。

对于相爱的人来说，爱只是瞬间，情感心动，剩下的漫长岁月，我们都不可能保持完全的爱的状态。因为爱太敏感，太纯粹，容易被伤害，容易被收回。无论是父母的爱、孩子的爱还是夫妻之爱，这种爱更多地掺杂了道德的因素、责任的因素在里面。所以爱本身是被道德所承载的，否则，没有道德承载的爱是艰难的，痛苦的。"爱是长期的努力、信任、交流、承诺、痛苦和快乐。"② 如果爱还存在，那么身体的感官就在向着存在延伸，快乐、痛苦、欣喜、不舍甚至是反抗，这是一个身体有生命能力的特征。当然没有人否认自己具备这种特征。我们总还是有空间和权利去自我体验、总还是有自由去享用身体。

---

① ［美］R. T. 诺兰：《伦理学与现实生活》，姚新中译，华夏出版社1988年版，第141页。
② ［英］安东尼·吉登斯：《亲密关系的变革：现代社会中的性、爱和爱欲》，陈永国、汪民安等译，社会科学文献出版社2001年版，第179页。

## 二 身体、安全、区域差异：消费社会伦理秩序社会呈现

"我高度重视人们所说的'身体'与'肉体'，其余的东西只不过是一个很小的附件罢了。我们的任务就是不停地纺织完整的生命线以使它越来越强盛。"[①]

生命安全感是指人们在社会生活中拥有一种稳定的不害怕的感觉，是指一个人对这个世界的基本信任感和情绪的稳定性。心理学家马斯洛认为，安全感是决定心理健康的最重要因素，是人生存的基础。婴儿渴求母亲的怀抱、孩子渴望父母的表扬、中年希望蒸蒸日上的事业、老人梦想儿孙绕膝的生活……人的一生，就是不断寻找安全感的过程。缺乏安全感的人，常会感到自身受到威胁，觉得世界不公平，进而产生一系列心理问题。

1. "我的身体是一切"：伦理存在的秩序性重构

"一切有机生命发展的最遥远和最切近的过去靠它又恢复了生机，变得有血有肉。一条没有边际、悄无声息的水流，似乎流经它、越过它、奔突而去。因为，身体乃是比陈旧的'灵魂'更令人惊异的思想。"[②]

身体是有事情可做的地方："对于梅隆－庞蒂来说，正如我们已经看到的，身体是'有事情可做的地方'，对于新的身体学来说，身体是有事情——观看、铭记、规定——正在做给你看

---

① [德]尼采：《权力意志》，张念东、凌素心译，中央编译出版社2000年版，第83页。
② [德]弗里德里希·尼采：《权力意志》，张念东、凌素心译，中央编译出版社2000年版，第37—38页。

的地方。"① 当人陷入绝对精神的螺旋式之中，人也被禁锢成绝对精神的附庸，然而我们都知道，人不仅仅是精神的存在，我们更多时候备受身体疼痛和身体的意愿的驱使，甚至于对大部分人来说，他们的生活目的就是满足身体的、生理的需要。为了避免饥饿、疼痛、疾病和死亡，为了追求肉体的享受、快乐。

身体作为一种进入世界话语的媒介："也许我们都完全被囚禁在我们话语的牢房里。这是一个启示性的比喻，它把语言理解为障碍物而不是地平线，人们可以想象它的一个活生生的比喻：只有我超出自己的脑袋我才能看见外面是否还有什么东西。我只有从自己身体内壁的后面跑出来，我才能直接遭遇世界。既然如此，我就必须以这种笨拙然而有效的方式行事。但是身体当然是对世界发挥作用的途径，是进入世界的方式，是世界围绕其有条理地组织起来的中心之点。正如莫里亚克·梅隆·庞蒂所说的，'一个身体就是有事可做的地方'。"② 就好像我们的肢体语言一样可以达到沟通的效果一样，身体是一种交流沟通的媒介。作为自我最深层次的体验和交流，性行为本身就喻示着身体的媒介性质。

身体的自我构造和形成："界定身体的正是这种支配力和被支配力之间的关系，每一种力的关系都构成一个身体——无论是化学的生物的社会的还是政治的身体。任何两种不平衡的力，只要形成关系，就构成一个身体。"③

---

① [英]特里·伊格尔顿：《后现代主义的幻象》，华明译，商务印书馆2000年版，第83页。
② 同上书，第17—18页。
③ [法]吉尔·德勒兹：《尼采与哲学》，周颖、刘玉宇译，社会科学文献出版社2001年版，第59页。

第四章 消费社会伦理秩序维系的主观根源

身体与存在开始分裂，身体总是具体的，依附在一定社会关系中的，在人与人的感情纽带中的，在一定的政治体系中的，在公共秩序中的。存在却抽离了这种具体，在一种抽象的一致中来讲述存在的姿态。身体倍加疲惫，一方面不能割舍身体所具有的附属属性；一方面不能摆脱存在本身的呼唤。"身体既是一种基金政治学说必不可少的深化，又是一种对它们的大规模的替代。存在着一种关于身体话题的美丽动人的唯物主义，它是对现在已经陷入巨大麻烦之中的某种更为经典的唯物主义的补偿。作为一种始终局部性的现象，身体完全符合后现代对大叙事的怀疑，以及实用主义对具体事物的爱恋。因为我在任何个别时刻都无须使用罗盘就知道我的左脚在哪儿，所以身体提供了一种比现在饱受嘲笑的启蒙主义理性更基本更内在的认识方式。在这个意义上，关于身体的一种理论有着自我矛盾的危险，在思想上重新发现仅仅意味着会贬低它的东西。但是，如果说身体在一个越来越抽象的世界里给我们提供了一点感性确定性的话，那么它也是一种被复杂地代码化的东西，这样，它也就迎合了知识分子对于复杂性的热情。它是自然和文化之间的一个铰链，以同样的尺度提供了确定性和奥妙性。"[1] 身体即使被冠以了破碎、陌生、他者的名义，身体依然默默地承载着存在本身，承载着自我本身，用它特有的方式呈现着存在。身体依然是生命力爆发的源头，依然是自我意识的开始，是可触摸的自我，可审视、阅读的自我。"正常的身体意识具有构造性和习惯性。谢尔德写道：'身体形象主要是社会的，我们自己的

---

[1] [英] 特里·伊格尔顿：《后现代主义的幻象》，华明译，商务印书馆2000年版，第82页。

消费社会诚信伦理秩序构建的可能性思考

身体形象从来不是孤立的,而总是同他人的形象相伴。……所有的身体形象都带有人格。但是,另一种人格及其价值的培养只有通过身体和身体形象的媒介才有可能。这个他者的身体形象的奠定、构造和保留因此就变成了他完整人格价值的符号、标记和象征。'"① 身体依然是被思考的介入点,是存在的切入平台。不能离开身体的自我存在,受到身体本身的巨大影响,同时也超脱着身体的存在。

举个例子来说,有一个小时候遭遇火灾被严重烧伤的孩子,她虽然在身体上呈现着种种缺陷,但是作为存在,作为一个受教育的精神体的存在,她和普通人并没有差别。在某种意义上可以说她仅仅是个长相不如他人的人罢了。站在摄影机前,她和普通人一样挺立着身体。面对这样的画面,不得不令人思考身体到底承载着什么?在某些人的眼里,她或许是一种残缺性的存在,但在另一些人的眼睛里,她依然是一个完整的存在,但这更取决于她自身将自我作为一个完整的个体存在。良好的教育和健康的心理状态,可使她比任何一个身体健全的人更具备完整的存在状态。

2. 现代社会生命的危机感:伦理存在的秩序性需求

自然灾害:这几年自然灾害尤其多,地震、海啸、水灾接连不断在地球的各个角落发生着。很多人在面临生存威胁的时候根本就不知道,或者根本没有抵抗的能力,动车的出轨、北京的特大水灾、飞涨的物价、坍塌的新桥、爆炸的客车……同样,被我们关注的还有这些年越来越多、越来越令人恐怖的疾

---

① 汪民安、陈永国:《后身体:文化、权力和生命政治学》,吉林人民出版社2003年版,第28—29页。

病，流感、SARS、禽流感、新型冠状病毒感染肺炎疫情，还有现在农村和城市越来越多的脑梗患者、癌症患者、不明病因死亡者逐年增多。人类存在一方面缺乏安全感；另一方面，科技又在标榜所能给予人类的安全感。人的安全感越来越需要被物质所证明，这种安全感来自于对物质的占有。没有存款的人被看作没有安全感的人，没有房子的人被认为是没有安全感的人，就好像幸福一样，不再是人心理上的一种满足状态，而是需要用物质来衡量的一种标准。

现代生活危机：现代城市里的家家户户都需要防盗门，有的家里不止一层防盗门，邻里之间也不太相互来往，戒备心理很严重。这种戒备心理就源自于对他人的不信任。办事如果不找熟人心里总是不会安心，这些现象都是缺乏安全感的表现。这几年不断曝出的食品安全问题，大米里的石蜡、火腿里的敌敌畏、咸鸭蛋里的苏丹红、奶粉里的三聚氰胺……地沟油流上餐桌，菜市场上翠绿蔬菜的秆茎里流淌的全部是过量的农药成分，人们不知道什么还能吃。一度出现了食品安全危机，影响了正常的日常生活。尤其是不见消减的奶粉、牛奶安全隐患更是波及家家户户的日常生活。

现代人对婚姻的标准也不再是纯粹的感情基础，更多的衡量标准是物质的保障，不一定非要嫁个有钱人，但起码基本的生活保障品——房子成了大多数新婚和面临婚姻人们的最大问题。现在大多数人工作跳槽非常频繁，没有职业安全感。一项网络调查显示："67%的职场人经常会产生不安全感，21%的人偶尔会有不安全感，仅有2%的职场人毫无不安全感。对于老员工而言，'没有发展前景''办公室政治'都是影响安全感的重要原因；对于职场新人来说，'难以融入团队'是令他们不安的最大困扰。"①

灵魂生活的缺席：我们衣着光鲜，生活质量大幅提升，却没有因此而减少心里的不安和惶恐，很多人患上了抑郁症、焦虑症、孤独症，各种心理疾病开始在人群中蔓延，面对越来越飙升的房价、物价，收入没有相应提升的人们面临的是越来越窘迫的生活压力和心理负担。每个人都在遭受着不安全感的威胁，成就越大，害怕失去、害怕失败的恐惧越强烈。彼此隔离的陌生人社会模式也使得人们缺乏了人与人之间的交流和沟通，信任感也几乎消失殆尽，即使是夫妻之间信任危机也威胁着生活的最后一片领地。没有归属感、缺乏生命信念是不安全感的主要来源，自我力量在社会力量面前越来越渺小，人们越来越没有足够强大的力量来掌控自我生命的发展，使得人们内心惶惑、迷茫成为普遍现象。

3. 国家、地域、民族的等级划分：伦理存在的秩序性差异

社会、生命安全保障——以地域、民族划分的国家安全管理，伦理秩序认可，即使在高度文明的世界里，在全球化的伦理存在中，国家、地域以及民族的划分，依然被延续下去。人们各自维护着各自领域内的伦理秩序和规范，受传统文化影响和生活习惯影响，延续着自身国家、民族、地域的伦理特性。

有人预言，世界会世界化，全球人都生活在一种体制下，共同享有文明、科学技术的发展，享有生存的权利。然而这种

---

① 源自：http://xinli.100xuexi.com/ExtendItem/OTDetail.aspx?id=85A34F52-757D-4715-BD04-C0F68B65CF8A。

模式是不是符合人性，符合人类发展的趋势。人的种族、等级划分会不会因此而消除，这是值得商榷的话题。每一个民族都有自我生存的权利，但是总是避免不了相邻的、相对的敌人的存在。每个人都有维护自我生命的需要，但是生活中却充满危机、竞争、相残和迫害。人类等级的观念是否能消除？人的自我生命是否能得到十足的安全感？在强大与弱小的较量之间，胜者为王，败者为寇的历史教训，是否能超越人类自身的狭隘，走向一种自我超越的永久平和？国家发展、强大，有序、稳定是文明社会延续，共同认可的社会伦理秩序，建立共同生存保障的最有力武器？

## 三　尊严的维护：消费理性的自我估价

尊严是没有等价物可替代的生命存在的维度，对于传统的中国人来说，过上一种体面的生活，维护和传承家族的尊严与荣光，维护自我的生命尊严是至高无上的伦理需求。生命尊严之所以需要追求，是因为它容易被践踏，容易被误认为有替代物来更换。在如今这个科技高度发达、物质相对丰盛的社会，在人被物包围的状态中，消费日益成为生活的重心。人如何在这种存在方式发生巨大转变的社会条件下，在消费生活中维护自我生命的尊严性存在？消费，作为一种生存方式，经历了语义的深刻转变，从物质匮乏时期的被抵制到丰盛时期追求物质幸福的必要手段，再到过度消费带来人自身存在的隐患和危机。消费理性需要在消费过程中判断消费活动及消费者的尊严性存在。潘多拉的盒子已经被打开，在消费放纵了肉体、放纵了精神、放纵了灵魂的同时，人的尊严并没有得到真正意义上的维护，而是面临着被颠覆的危险。

1. 尊严性消费的伦理地位

尊严就能使人高尚起来，消费就是实现生命尊严的消费。消费理性就是要体现人的自主性和主体性，要使人进行创造性活动而非沉溺物质占有和过度消费，实现人的肉体与精神，个体与社会的同步发展，使消费活动成为人存在的自由性和全面性的手段。人的理性要求人积极做出努力，选择符合生态消费的人类发展的途径。使得经济和社会活动趋向生态化，而不是一味地向负面发展。

消费满足越来越向心理需求发展。消费尊严是一种高级的心理需求。对于中国人来说，面子性的消费比较普遍。比如请客吃饭，总会点一些较为昂贵的菜，以视对客人的尊重，自己也感觉有面子。另外人情消费，比如逢年过节、婚丧嫁娶、添丁增岁等，尤其在农村地区，人情消费的开支甚至高达一个家庭年收入的百分之五十。中国人讲面子，消费尊严比消费本身重要得多。

人的消费活动除了要满足生理性生存的需要，更应当满足精神和理性的需要。"消费对人的发展的意义在于使人在社会实践基础上实现人的体力、智力、情感力、意志力以及人的社会素质、精神素质、心理素质等等能力与素质的综合发展与提高，使人在消费的过程中充分而自由地提升自己的才智与创造力，获得自由个性的发展和精神上的愉悦和满足。"[①]

---

① 赵玲：《消费合宜性的伦理意蕴》，社会科学文献出版社2007年版，第237页。

## 2. 合宜性消费的伦理性预期

亚当·斯密认为，美德存在于合宜性之中，或存在于一种情感的恰当之中。"没有合宜性就没有美德。"① 人的理性将过度消费从沉迷中揪出来，虽有了"剁手"的懊悔，却有了对过度消费的一种理智的警惕。节制本身就是欲望的德性。德谟克利特说："人们通过享乐上的节制和生活的宁静淡泊，才得到愉快。""对于一切沉溺于口腹之乐，并在吃、喝、情爱方面过度的人，快乐的时间是很短的，就只是当他们在吃着、喝着的时候是快乐的，而随之而来的坏处却很大。对同一些东西的欲望继续不断地向他们袭来，而当他们得到他们所要的东西时，他们所尝到的快乐很快就过去了。除了瞬息即逝的快乐之外，这一切之中丝毫没有什么好东西，因为总是重新又感觉到需要未满足。"②

只有节制，才能使快乐和享受增加。"人的灵魂里面有一个较好的部分和一个较坏的部分，而所谓'自己的主人'就是说较坏的部分受天性较好的部分控制。"③ 老子说："五色令人目盲，五音令人耳聋，五味令人口爽，驰骋畋猎令人心发狂，难得之货令人行妨。是以圣人为腹不为目，故去彼取此。"④ 若能克服传统奢侈性消费的陋习，在合理的消费观念、文明健康的消费模式上，使得消费者获得有尊严、适宜的物质生活，摒除享乐主义、消费主义的异化危害，在现代社会保有生活的本真

---

① ［英］亚当·斯密：《道德情操论》，蒋自强、钦北愚、朱钟棣等译，商务印书馆1997年版，第386页。
② 北京大学哲学系外国哲学教研室：《古希腊罗马哲学》，商务印书馆1961年版，第118页。
③ ［古希腊］柏拉图：《理想国》，郭斌和、张竹明译，商务印书馆1986年版，第150页。
④ 黄元吉：《道德经讲义》，九州出版社2013年版，第29页。

意义，实现全面、自由的发展。

3. 小摆件的价值性追求

因为人本身的存在有一部分先天性命定恩赐的参与，这种只有出身好的人才能获得的一种恩赐，在遗传的合法性上获得着先天的优越地位。这种先天的恩赐只能是部分人获得，而对于大部分人来说，只能通过自身的努力来获得一种后天性的拯救。就好像一些小摆件、吉祥物，在社会的附属地位中，可以通过一种表示价值的永恒功能，获得一种自我的拯救。通过恩赐获得的拯救无论在哪一个层面上，都胜过通过努力获得的拯救。正如工薪阶层无法享受富二代开豪车、住别墅一样，工薪阶层在自己的社会地位中寻求着自我价值的永恒性意义。这种价值性追求本身就是一种伦理阶层与伦理秩序的划定。

在消费社会，这种庞大资金的积累越来越集中在少数人的手中，大多数的人在这种小摆件的价值性追求中获得自我拯救，获得社会价值和存在意义。也正是这种小摆件的自我拯救，才使得消费社会空前繁荣。人们争先恐后，将那些获得命定恩赐的人排除在生活之外，将自身存在倾心于这种小摆件的永恒价值中，从而将自身纳入消费社会的体系中，获得自身的拯救。

# 第五章 消费社会伦理秩序建构的客观基础

## 一 他者——自我存在的伦理对象

"我确实认为他人也存在于我的世界中是理所当然之事,并且事实上,他人在整体上不仅像其他客体,位于其他客体之中,而且还被进一步赋予了一种在本质上与我一样的意识……"[①]

### 1. 自我与他者的伦理性共在

他者,首先作为自我限制的对象而存在,其次作为自我同一性的依存。当我们意识到他者的存在时,是意识到自我的自由得到限制的时候,我们抬眼观看他者,他们和我们一样,保有同样的生存权、空间占有权、话语权,我们必须学会与他们共同分享这些生存的权利,因为他者以同样的类和方式存在在我们共有的世界中。我们在窥视他者的同时,在认可他们共有的权利的同时,我们会从彼此的同一性中寻找出差异,我与他

---

① [英] 齐格蒙特·鲍曼:《后现代伦理学》,张成岗译,江苏人民出版社 2003 年版,第 172—173 页。

的不同。我们对他者差异性的关注，总是以自我作为参照，自我与他者的差异造成了自我与他者之间的竞争、攀比甚至是敌视，而彼此的同一性则使得互相吸引、彼此依存、共勉、合作。"每个人都是独自存在的个体，独有的特性使你我形成'自我'，以示区别。与他人交往时，我们会尊重这些人与人之间的界限。清除界定自我的界限，并认清他人的界限，是心灵健康的特征与前提。"[①] 我与他者不同，我只能依靠我自己成长，实现。

我不能承担他者的痛苦、死亡，同样他者不能承担我的疾病，作为独立的个体，我们被分界到两个存在之中。虽然我们很愿意替代对方，但是事实上是不能实现的。这就是个体之所以是不同个体，有不同承担的伦理事实。

"我"不是开端，也不是结束，而是一种存在的中间状态。这种中间状态让每个存在的个体都感觉到自我总是行进在路上、总是被陷入一种不能到达的状态，这种永远不能到达的焦虑造成了存在命题里所有希冀和失望交织、充实和空虚错综的复杂状态。每一次询问，每一次出发、收获的总是中间状态，收获的都是不确定的惶惑、不安和焦虑。

随着时间的流逝，人们没有办法重新年轻一次，也很难做颠覆性的思考和有机会重新来过。人们在走过的生命痕迹中继续坚持隐隐约约被自己走出来的一条小径，这条小径因为有了之前生命积淀的铺设，也因为对其有熟悉和感情，其延续的方向和目标也逐渐地被人们接纳认可，甚至以一种稳固的伦理状态在自我的某一个侧面被呈现，多数人所能做的就是让这条小

---

① [美]斯考特·派克：《邪恶人性：一个心理治疗大师的手记》，邵楠译，世界知识出版社2004年版，第185页。

径一直延伸下去。人们的个性、自我都以符合某种角色归类的状态存在着，人们更相信自己的个性和自我有连绵的延续性，而不是以一种毫不相干的断裂和破碎的方式存在。而令人们不安的仅仅是内心再也没有一种坚固的信念，没有一种自我呈现的持续性令人们不从角色中游离。

追求同一性，似乎是人类的天性，人们习惯了把橘子、苹果、梨都统称为水果，把你我他都称为人类，把花草树木都统称为植物，然而这种统称，这种同一性寻求的结果却是人类的虚构。因为人们从来没有见过水果的实体、没有触摸过人类整体，没有研究过具体的植物本身。人们面对的无非是被同一类别归纳的具体的个别，但是这个个别恰恰不是人们想要的同一性。同样的，人们接纳他者，认为他者与自我的同构同一，恰恰是对同一性最彻底的排斥和颠覆。人们如何来对待有差异的他者，除了对同一性的虚构之外，还能以什么样的姿态来展示和对待。

2. 他者作为榜样的伦理性导引

人们习惯了为他人而活，如果纯粹只为了自己，更多人会不愿意承担生命赋予的责任，但是为了他人，为了被依赖的责任感，人们建立自我的生存信念，目标。人们总是为了这个或者那个人而存在，人们乐于扮演他人世界中的那个重要的人的角色，并以此为荣耀。而作为自身的存在，人们也总是受着他人的影响、鼓励、帮助，从而有了感恩基础上的自我呈现，自我传承。比如在中国传统的伦理文化秩序中，父亲就扮演了这个榜样的角色，对于一个孩子来说，父亲的力量是充斥一生的。司马迁就是为了完成先父遗愿而修成《史记》的。

自我与他者都是具体的存在，每一时刻存在都更新着自我的状态和展示的形象,对同一性的认可却总是僵化对自我与他者的认识。而在共同存在的事实中,自我与他者总是在一种关系中建立伦理秩序。这种秩序表现为自我对他者的或者他者对自我的占有、侵略、剥削和想象的塑造。"生命的本质就是对异物和更弱者的占有、损坏和制服,就是压迫、强硬、迫使别人接受自己的形式,就是同化,而且最起码的是剥削。"① 自我总是在对他者的观望中和对自身存在的体悟中来理解和领悟他者的存在,避免不了自我在这种观望中总是远离了他者存在的本原,掺杂了自我的理解和理想的勾画。

3. 自我的他性建构

角色扮演:"人在看自己的时候也是以他者的眼睛来看自己,因为如果没有作为他者的形象,他不能看到自己。"②人们从最开始认识这个世界的时候,展现在人们面前的是各种形象的接近,各种角色的被讲述。于是模仿成了生命最初的学习和认知。模仿被塑造的经典形象,模仿生活情境发生的人物场景和对话模式。对此最形象的理解就是小时候孩子们都玩过的游戏:过家家。在这个游戏中每个孩子扮演不同的角色,根据每个角色不同的特点和需要对话。而在以后学习、成长过程中,模仿某个或多个特定角色就是人一生要完成的功课。"人是一种潜能,是不断涌起的、在生活的每一美好时刻都会以新的光辉展现自己的生命之流。在与上帝或其他人对话的那个创造性时刻,我事实上感受到了双重的必然性:一是'发现'自己,一是

---

① [德]弗里德里希·尼采:《超善恶》,张念东、凌素心译,中央编译出版社2005年版,第203页。
② [法]拉康:《拉康选集》,褚孝泉译,上海三联书店2001年版,第220页。

'改变'自己。我发现自己不同于我原以为自己是的那个人。从这时起,我就与以前的我截然不同了,然而同时,我又可以肯定我还是同一个人……"① 角色扮演的过程,结果就是个体会不自觉地用对象、模型来对照自我,在对照自我的过程中完成模仿,使得自身的塑造符合某一模型,某一经典形象。初期的盲目模仿和后期有自我塑造意识和选择意识的模仿,学习都是自我成为的手段。

自我质疑:"人必须生活在人的生活里,以一种每时每刻的关照自我的方式,在生命的谜一般的目的里……人们所发现的……是一种确定的自我对自我的关系,它是生命的荣誉、实现和报偿,作为活着的检验……为了生活得更好或更合理,人并不在意自我;并且为了很好地统治他人,人也不在意自我……人们必须生活,以便确立最有可能的与自我的关系。"② 在意识流的小说里充斥了一种疑问和思索,那就是这一秒的我和上一秒的我有同一性吗?前一秒的我静默、后一秒的我暴跳如雷,这完全不同的、截然相反的我是同一个我吗?一个人被相隔十年后再次相见的老朋友认出,说明了一个同一性的我的存在吗?

你的存在是以你的方式存在吗?你自身存在的特质,是你扮演角色,还是角色本身在生活中的存在。你对于你的扮演、你的存在本身是持严肃谨慎的态度,还是在轻浮的生活中盲从。"所有深沉的东西,莫不爱面具……在一个面具背后,有的并非仅仅狡计——狡计中有如此多的善。……用害羞隐藏深沉的人,

---

① [美] R. T. 诺兰:《伦理学与现实生活》,姚新中等译,华夏出版社1988年版,第131页。
② [美] 瑞安·毕晓普、道格拉斯·凯尔纳:《波德里亚:追思与展望》,戴阿宝译,河南大学出版社2008年版,第157页。

在人迹罕至,甚至他的至交和最亲近的人也不可得知其所在的路上,遇到了自己的命运和棘手的决断:因为,这些人全然看不到他的性命危险以及重新赢得的性命安全。一个出于本能需要把想说的话咽回去隐瞒起来、千方百计逃避推心置腹的隐匿者,想要,而且要求一副面具在朋友们心目中晃荡……任何深刻的精神都需要一个面具,何况,任何深刻的精神周围,都在持续地生长面具,因为,他说的每个语词,采取的每一步骤,给出的每一生活标志,一直被错误地即浅薄地解释。"[1]尤其是人处在消费社会的环境中,"人作为商品,身上出现了客观性与主观性的分裂;正是这种分裂使得人们能够意识到这种处境"[2]。即使在人们被不断物化的今天,人们之所以会感到不适,感到痛苦,感到扭曲和异化,就是因为人自身有这种自我审视,自我意识:"在他有意识地加以反抗之前,尽管使他的'心灵'变得贫乏,使他整个人都变得畸形,但并没有把他作为人的本质变成商品。因此,他可以不顾他的这种现实存在,而从内在把自己全面地塑造起来。"[3]

## 二 对话——建构自我和社会伦理关系的道德方式

1. 合理性对话:共同认知基础上的伦理关系

虽然批判启蒙的声音彼消我长,但是人们对自身理性能力

---

[1] [德]弗里德里希·尼采:《超善恶》,张念东、凌素心译,中央编译出版社2005年版,第40页。
[2] [德]尤尔根·哈贝马斯:《交往行为理论》,曹卫东译,上海人民出版社2004年版,第350页。
[3] 同上。

# 第五章 消费社会伦理秩序建构的客观基础

和捍卫理性的意志并没有过多地动摇。更确切地说，我们今天依然在运用我们的理性，思考后现代消费社会伦理存在的可能性模式。哈贝马斯认为没有纯粹的理性，理性本质上体现于具体的沟通行为中。理性是人具备知识能力和表现知识能力的沟通或思考，人们利用对这种沟通和思考的合理性控制来寻找自我主体与世界对象之间的联系，并在这种联系中定位自我的位置，组建和扩张自我的伦理关系网络，形成较为稳固的自我评价或评估标准。对话理性的沟通有效性源自于一个主体与另一个沟通对象的参与主体获得对某一事物或对象的共同理解，这种共同理解获得的前提是沟通双方的言语、行为是否合乎在沟通中达成的共识，这种共识的符合被称之为合理性。这种合理性的存在和沟通共识的达成是对话理性通过沟通而建构的伦理关系。在对话理性中，沟通行为替代了先于语言的、独立的反思，沟通双方通过辩论、对话等有效方式进行了自我反思的重构、重新组合和相互补充。沟通行为成为伦理存在的基本范式，使得每个人都成为伦理关系建构的参与者。

　　小时候我参加了一个朗诵比赛，我朗诵的文章是《采蒲台的苇》，在排练的时候老师问我要不要给我加一个搭档，我自负地回答说："不用。"也可能我认为多一个人要和我共同分享奖品罢，结果在正式演出的时候，我的朗诵中间遗忘了一段，虽然表面上看起来很流利、感情充沛，但是熟悉文章内容的人就会听出来我的朗诵中间缺少了一段。走下台后我回想老师问我的话，觉得后悔不已，同时我也知道了奖品是按照每人一份发放的，若是我有个搭档，那么我的朗诵定然会完美地呈现，他定然会弥补我遗忘了一段内容的缺憾。

我庆幸我很早就懂得了这个道理，明白了搭档的用处，学会了人与人之间的合作才能演绎和缔造完美。一个人再有才情，总归是单薄的存在，是冥冥之中无法逃避的缺憾。一个人的世界只有和另一个人结合起来，才是一个完满的世界，在这个世界里一个人能找到归属感、满足感，依赖和被依赖的感觉，总归两个人组建家庭，就等于组建了一个完整的世界。

当然，在我们身边存在着这样一个群体，他们与我有着同样的学科爱好、同样领域的理论建树、同样行业的技能、同样背景的专业知识，我们称之为同行，这种同行式的，不参与或者较少参与个人情感因素的他者群体，却与自我构建和编织着不可忽略的伦理关系维系的网。对于一种理念的认同，对某一学科的共同爱好，对一种资源的运用方式的认可，对一种生活方式的实践，对某一个地域风情的热爱，对一个领域的关注，对一个特殊的习惯嗜好，都可以成为自我与他者相互关注和走近、沟通、理解的媒介。共有的智慧、共同的认知和理念，使得人们在同一个科学的、知识的、思想的领域里建构一种遥相呼应的网，这种关系网上的每一个节点也在以个人智慧发展的方式影响着关系网上的每一个人。

2. 交往重构：共同存在基础上的伦理关系

参与交往行为的关系有效性发生：人们习惯了用语言作为交往的基本媒介和工具，然而在语言沟通中，"言语者不再是直接与客观世界、社会世界或主观世界中的事物发生联系，而是用其表达的有效性可能会遭到其他行为者的质疑这一点来对自己的表达加以限制。沟通充当的是协调行为的机制，但这仅仅表现在，互动参与者通过他们所要求的有效性，即他们相互提

## 第五章 消费社会伦理秩序建构的客观基础

出并相互认可的有效性要求达成一致"①。人们看重自我表达和参与沟通、交流的有效性,因为这种有效性能产生对的结果、自我预期的结果。

感性基础上的选择性交往:"生活的意义只发生在这样一种个人与个人的区间里,在这个区间里,他们处于一个人总可以对作为他人的'你'说'我'的这样一种交往情势中。"②所有与他人的交往(除了利益关系交往)都建立在感性的基础之上,一个人对一个人是否有好感,一个人是否能认定对方为自己的好朋友,都是基于一定的感情基础之上的。尤其是在共同生活的过程中,建立起来的情感,时空和感性重构着自我伦理关系的建构。除了血缘关系是不可更改的之外,一个人对自我社会伦理关系网的建构完全出于自我性格喜好(当然是纯粹的感性为基础的建立,排除功利的因素)。人类感性,是不能超越的生命体验,每个人都带着强烈的自我感性体验的特征来表达自我,认知社会和自我。

性行为对界限存在的僭越——另一种情势交往:性行为是人类对话的一种方式,性本身作为一种渴望融合、渴望进入、渴望对话的生理冲动,被根植于每一个身体之中。而性行为的发生本身就是一种对于界限的僭越。作为一种言说的模式和对象,性表现出的就是一种僭越、一种界限的存在和超越,这种僭越是证明界限存在的一种表达和显示。于是性使得界限和僭

---

① [德]尤尔根·哈贝马斯:《交往行为理论》,曹卫东译,上海人民出版社2004年版,第99页。
② [美]威廉·巴雷特:《非理性的人——存在主义哲学研究》,段德智译,上海译文出版社2007年版,第18页。

越行为的关系变成一种在对立、冲突、矛盾的两面基础上的相互依存和融合，一种在肯定中受限定的存在。即断裂性的不完满存在。性行为的发生，是建构个体生命伦理秩序网络的一个重要行为标识。尤其是在中国这样的伦理体系和道德话语中。虽然人们越来越不重视性行为对于社会伦理秩序带来的影响，但实际上就现代社会来说，其特殊之处不是人们把性限定在阴影之中，而是他们在把性作为隐秘的同时，又没完没了地谈论它。

3. 地域、民族、国家体制中的共同遵守性对话：共同服从基础上的伦理关系

公共与个体的对话协商——实践公共道德的可能：个体进入公共领域以后，必须接受公共的思维模式，以个人的身份进入公共领域，往往容易出现很多不符合公共伦理和要求的行为问题。公共领域运用社会和国家的手段进行一种调节，操控甚至是制约的方式，来和个体参与者进行对话，自我作为某一特性区域的个体，也要理解和执行公共领域的公共道德，传达伦理信息。"由于社会合作，存在着一种利益的一致，它使所有人有可能过一种比他们仅靠自己的努力独自生存所过的生活更加美好的生活；另一方面，由于这些人对由他们协力产生的较大利益怎样分配并不是无动于衷的（因为为了追求他们的目的，他们每个人都更喜欢较大的份额而非较小的份额），这样就产生了一种利益的冲突，就需要一系列原则来指导在各种不同的决定利益分配的社会安排之间进行选择，达到一种有关恰当的分配份额的契约。"[①] 沟通的实践作为一种生活存在建构着这种契约。

---

① [美]约翰·罗尔斯：《正义论》，何包钢、何怀宏、廖申白译，中国社会科学出版社1999年版，第4页。

## 第五章 消费社会伦理秩序建构的客观基础

自我对他者从某一渠道的认可、认知是伦理关系发生的前提，一个纯粹以自我为中心的人，没有伦理态度和伦理意识，更没有伦理生活关系。只有他者真正进入了你的生命和视野，生命才真正地进入伦理状态。自我与他者，总是在情感的维度里开始发生关系和牵连。有了感情的因素的参与，生命才有了联系、发生关系的可能。情感因素使得两个个体走入一个共同的情感体验空间里，无论是爱慕式的友情的建立、爱情的建立、血缘关系中关爱与照顾需求的建立，在这个空间里两个个体彼此相向、走近，用心灵和感知的网建构了一张彼此同在的关系网。这张彼此同在的关系网在各自的生命体验里，因为共同编织的网结而有了共同的平面。而维系这个平面继续发展的是彼此在网结的点上感受到的伦理责任感，这种伦理责任感的担负建构着一个人的伦理身份和伦理价值。

血缘伦理中的服从性对话：在人类情感伦理关系中，有一种不可逆的伦理关系，即按照出生血缘关系建立的亲子、长幼、辈分等关系，被人们称之为天伦。父子有亲、长幼有序，这种天伦本身附带了相应的伦理秩序。这种天伦有相应具体的德的要求，即亲、慈、恭、孝，这些要求表现在具体个人的行为里就被称为个人的德行。除了这种不可逆的天伦之外，人与人之间情感关系的建立还有可选择性的朋友之情、恋爱之情、知遇之情、熟识之情等等，而维系此种感情的德的要求，即仁、义、礼、信等。

共同信仰领域内的服从性对话：在信仰的领域里，我们面对的是陌生人，但是这些陌生人有一个同构的生命存在形式，对同一事物的信仰。这种完全陌生化的伦理关系中，自我与他者通过一个中间介质获得慰藉，通过一个外在的力量把自我与他者组织和容纳到一个体系之下。

无论是一个民族传统习俗的沿袭，还是一种宗教信仰的延续，他们都是在一定的仪式表现、理念信仰的一致认同的基础上建立起来的。有人说人没有信仰不行，虽然在科学技术发达的现代社会，信仰依然是每个人生命固有的情绪，无法摆脱的情感事实。只不过我们信仰的可能不是某种宗教和教义，而是一种生活认知、态度，一种学说，某种理念。就好像不同的人却有共同的姓氏一样，人们也会在信仰的领域内产生交集，获得一种共同信仰基础上的沟通和对话，从而实现生命个体与个体之间的交融。

社会管理总是需要服从，而作为个体的人来说，服从是避免不了的事实。人们服从于国家的管理、体制，服从于社会需要的设定，甚至根据社会需要完全抛下自我。在新中国建设时期这种体现尤为突出，很多青年上山下乡，响应国家号召，从客观意义上讲，这就是一种对于国家政策的服从。

## 三 符号——秩序在公共领域的伦理性引导

### 1. 传媒与符号秩序

在让·波德里亚的《消费社会》中，消费行为作为一种交流体系，它是语言的等同物。消费作为一种具有交流功能的社会活动，使得商品脱离了其使用价值，表现为一种符号价值。符号价值在消费差异的逻辑区分中，获得一种鲜明的序列。个性消费和语言一样，具有一定的个体性和偶然性，但是它们同

## 第五章　消费社会伦理秩序建构的客观基础

样具有社会功能，它们需要遵循消费社会的秩序规律，同样需要遵循消费社会的话语权规则。这种规则就是基于符号价值之上的秩序。消费可以用来评价他人的生活方式、社会地位，改变人们的思想认知，激发思想意识，消费的差异化建构潜藏的一套消费社会符号逻辑的运作模式，使得消费社会在本质上成为一种文化形态的东西。"不再存在什么超验，甚至也不存在商品之拜物教的超验。今天，只存在无所不在的符号秩序。消费的主体是符号秩序。"[1] 而"大众传媒就是当下信息社会的符号资本生成器与生产加工车间"[2]。

　　社会在传播的过程中存在着。一种意识形态的结构，通过大众传媒，以一种特有的符号形式，经过包装，以一定的编码规则，被传播出来，使得人们用来适应新环境，改变旧习惯，形成新观点。同时，"在符号互动的视角下，传播是一种现实得以生产、维系、修正和转变的符号过程"[3]。媒介的参与，使物质作为物质本身，或者说物质的使用价值，在逐渐地、成比例地缩小和减少，人们不再直接面对物，不用直接参与事件的发生，而是通过媒介，通过媒介信息与自己的对话，把自我包裹在语言形式、艺术形象、神话象征或者宗教仪式之中。"凭借着传播的媒介，处于孤立与被边缘化的人们和群体可以适应现代生活和都市文明，社会可以以传播为核心整合起来。"[4]

---

[1] 孙明安、陆杰荣：《让·波德里亚与消费社会》，辽宁大学出版社2008年版，第46页。
[2] 袁靖华：《边缘身份融入：符号与传播　基于新生代农民工的社会调查》，浙江大学出版社2015年版，第49页。
[3] [美]詹姆斯·W. 凯瑞：《作为文化的传播："媒介与社会"论文集》，丁未译，华夏出版社2005年版，第12页。
[4] [英]科林·斯巴克斯：《全球化、社会发展与大众媒体》，刘舸、常怡如译，社会科学文献出版社2009年版，第47页。

消费社会诚信伦理秩序构建的可能性思考

2. 传播与公共领域

当世界变得越来越同一化时，媒体也在加强其多样化传播手段，因为人们对其吸收阅读的方式不同。从广播、电视到网络平台、移动终端，从广告、短片、商演到电子屏、网店、微商，等等，各种消费信息充斥在人们日常生活的周围，日益成为人们生活的一部分。消费理念的传播已经充斥在公共领域的各个角落，参与社会生活的人必然参与和接收着消费信息的传播，同时，作为消费信息链的一个节点，继续传播和发散着消费信息。比如，作为社会参与的主体，自身的吃穿住行等各种用度，都在一定程度上传播着消费的信息。因此，在消费社会的领域中，传播无处不在，消费无孔不入。恰因为如此，一些别有用心的商家才利用各种传播手段散播虚假消费信息，以获得暴利。

"公共领域指国家和社会之间的一个公共空间，市民们假定可以在这个空间中自由言论……传媒运作的空间之一，就是公共领域。"[①] 在媒体取代了公共行动，各种全球化的新潮流充斥在四周，人们有必要逐步培养起如何区别信息的真伪和保护自己的观念。人们在自己的消费领域和信息空间中，区别他人、定义自己。历史已经被彻底摧毁，人们在消费社会制造的繁荣幻象中，捡拾有用的碎片。"创造一个全新事物的过程之中时，他们就焦虑地诉诸魔法来驱使过去的灵魂为自己服务，借用它们的名字、战场的呼喊声和服装，以便在这个因古老而受到尊重的伪装下，借用语言来展现一个新的世界历史场景。"[②] 一方面对争取到的个人领域感到幸福；另一方面对周围的公共领域

---

① 陆扬、王毅：《文化研究导论》，复旦大学出版社2015年版，第297页。
② ［美］南·艾琳：《后现代城市主义》，张冠增译，同济大学出版社2007年版，第105页。

感到担心。在城市随着消费活动成长的过程中，不可避免地产生一些有害的功能。因此，对公共领域事物的判断，以及秩序性的伦理引导成为人类社会秩序性存在的前提。

3. 文化消费与公共领域

"公共领域的体制，其核心是由被报纸及后来大众传媒放大的交流网组成的。这个网络使由艺术爱好者组成的公众得以参与文化的再生产，也使作为国家市民的观众得以参与由公共舆论为中介的社会整合。"[1] 哈贝马斯认为，当资产阶级在社会经济活动中独立以后，国家与社会便出现了分离。国家在公共领域内，仅负责政治事务，而社会与文化的生活则交给了社会。国家仅仅是保障自由的权力机关，仅承担公共领域的运作条件。这是一种理想的公共领域的模式，是在资本主义基础上建立的民主、平等、自由的整合式的社会。然而，资本主义的发展破坏了这种公共领域。因垄断资本主义的发展，财富分配不平衡，导致进入和控制公共领域的不平衡。国家作为一种权利主体，开始分享垄断利益，成了经济领域的参与者。公共领域变成了某种程度上的私人领域。这种私人化的转向，使得公共领域重新走进了封建化。

"随着商业化和交往网络的密集，随着资本的不断投入和宣传机构组织程度的提高，交往渠道增强了，进入公共交往的机会则面临着日趋加强的选择压力。这样，一种新的影响范畴产生了，即传媒力量。具有操纵力量的传媒褫夺了公众性原则的中立特征。大众传媒影响了公共领域的结构，同时又统领了公共领

---

[1] 陆扬、王毅：《文化研究导论》，复旦大学出版社2015年版，第300页。

域。于是，公共领域发展成为一个失去了权利的竞技场……"①被意识形态和资本操纵的大众传播，合同国家的政治利益，取代了大众的话语。社会的对话被管理起来，文化的批判走向文化的消费。

迪士尼乐园巨大的空洞的自由游戏的空间、加勒比海盗魔幻王国的童话景观，每一个游园和城市都被装扮成基于幻象和欲望的空间。在这里，人们遭遇"他者"，也将自己作为他者，与其一起游戏和玩耍。如同遭遇一本小说、一场电影，有主体的感知，又有不期而遇的惊喜，阅读着被符号和资本操控的空间。存在主义认为，虽然我们的存在是偶然的、荒诞的、无意义的，但是人却可以通过自我的建构而实现意义本身。于是消费社会的伦理秩序也基于存在的基础上，在时代的特征中，自我建构存在的意义和价值秩序。

---

① 陆扬、王毅：《文化研究导论》，复旦大学出版社2015年版，第301页。

# 第六章　消费社会伦理秩序建构的现实性基础

## 一　生存实践的伦理性基础

1. 虚拟与真实

虚拟与真实原本是一对反义词。然而，虚拟有一种潜在性的特质，使得虚拟与真实产生了一定的联系，这种联系并非绝对的对立。在亚里士多德认为，虚拟是一种潜在性，它是可能有，但尚未实现的形式。而现实性则是事物已有的形式。拉朗德的《哲学词典》中说:"从一般意义上讲，是指在某一种特定对象中完全可能实现的东西，就如同一块大理石可以虚拟为'神像、桌子或马桶'；从较为限定的意义上讲，虚拟即是在一个对象中预先确定的东西，它自身内部具备了一切可以使之得以实现的基本条件，虽然从外部看不到这些条件。故虚拟与可能性或潜在性相关，而与现实性相对。"① 虚拟，已经成为不可

---

① ［法］勒内·贝尔热：《欢腾的虚拟：复杂性是升天还是入地?》，箫俊明译，《第欧根尼》1997年第2期。

逆转的时代潮流,正影响着人们的学习、工作和日常生活的方式。"从根本上说,'虚拟'是标志人的超越性和自由度的哲学范畴。在狭义上,当代语境中的'虚拟',特指当代的数字化的表达方式、构成方式和超越方式,是我们时代的数字化的生存方式、发展方式和创造方式。而在广义上,虚拟指的是人借助于符号化或数字化中介系统超越现实、观念地或实践地建构'非现实的真实世界'的能力、活动、过程和结果。虚拟是人的活动的一种普遍特性,是人的创造性、超越性的重要源泉和动力。"①

"在与虚拟相对照的意义上,现实指的是不以人工方式和数字化等而是以自在方式客观存在的各种实际事物及其关系,它包括客观存在的自然、社会和人及其活动等。"② 人们一直认为,人类的技艺永远无法和大自然竞争,人造之物,永远劣之于自然之物。然而,"突然,道路出现了一个转弯,一个拐点。真实的场地在某个时候消失了,你曾拥有这个场地的比赛规则,以及一些牢牢竖在那儿人人都能依靠的桩界"③。

虚拟是"真的假",是"假的真"。它打破了真假对立与虚实分明的界限,不仅能够以假乱真,而且甚至达到比真实更为真实的效果。"虚拟现实能使人造事物像真实事物一样逼真,甚至比真实事物还要逼真。"④ 借助符号化与数字化的系统,实现"非现实的真实世界"的建构,从而达到一种对现实性的超越。

---

① 张明仓:《虚拟实践论》,云南人民出版社2005年版,第60页。
② 冯务中:《网络环境下的虚拟和谐》,清华大学出版社2008年版,第45页。
③ [美]斯蒂芬·贝斯特、道格拉斯·科尔纳:《后现代转向》,陈刚等译,南京大学出版社2002年版,第4页。
④ [美]尼葛洛庞帝:《数字化生存》,胡泳、范海燕译,海南出版社1996年版,第140页。

虚拟指向现实中的可能性，也指向现实中的不可能性，还指向现实中的不可能、不存在。通过虚拟的尝试，可以有效拓展和确证各种现实的可知性，有效避免风险、保障安全等。随着科技的发展，人们越来越需要虚拟，作为探知未知的一种方式和能力，扩展主体的活动空间，满足现实的需要。

2. 半电子人的时空秩序

人使用工具，运用工具，又将自身沉迷、禁锢于此，克隆、机器、电子人，便是这种工具性依赖的某种极致。随着工具无限度地被使用，人的存在呈现一代一代生活方式的变异，电子时代的人类生存方式的改变，使得人的伦理存在进入一种电子工具的空间。在《云图》中讲述了一段克隆人的生活，从被设计、囚禁，到自我的认知与解放，克隆人走过了一个自我存在改变的过程。在《美丽新世界》中，讲述了科学理论和技术在人类生产活动中的大规模运用，人们用一个巨大的工厂完成了繁殖人类的任务，人自身的繁衍和生存都被限定在电子、机器化生产的规模中。技术化繁育人种的技术使得人的伦理存在不再由家庭为单位组成，人的伦理关系中再也没有父亲和母亲的概念。人作为一组基因的多生子而存在，接受激素调节和抑制，并以此来决定以后的工作品种和智力水平。

人们对于电子产品、网络的使用，极大地改变了我们自我的生存方式，自从网恋这个词开始流行，网络对于真实生活的触动和改变，被纳入人们的传统生活之中。想象一下现在的人要是去某地找一个人，定然会选择用电话、互联网、微信等联系，并精确地约好时间地点。然而，在当年电话不是普及人手一台的时代里，找人是很麻烦的事情，电子产品把人从烦琐和模糊认知中解放出来,给人一个精确的时间空间概念。

新新人类眼中的世界,时空的限制远不同于传统社会中的人们的认知。人们通过记录、整理,很轻易就把一生的照片、变迁的心境同时留在网络的痕迹上,时间在生命中被缩短成一个视频,一组画面。人们从一出生就面对着各种各样的电子产品,在还没有认知世界、人类自身的时间段里,就开始认知电子产品并对它们操作自如。电话、电脑、网络是不可或缺的生活工具,使得现代人们的时间概念里,不会像没有经历过电子时代的人们那般对逝去的时间不可触摸和追忆,他们会用摄影机、视频记录着生活的点点滴滴,随时翻开来看时,就如时间可以倒流。

3. 虚拟实在与伦理秩序的重构

虚拟实在,是网络时代的仿真性存在。其实在的存在已经影响甚至改变了人的基本生活方式。人们可以用电子技术创造一个完全理想和完美化的场景。"一种声音或光线,均可以变成基本的数码系统,不仅可以储藏,而且可以输送,还可以随时复制,最后还可以发明和改造。如此一来,声音和视像、思想和行动,全部都数字化了。"[1]

"传统意义上的空间——康德所说的空间——是经历的先天条件:没有空间就不可能有在其中的经历。可是虚拟空间可以随着人们对它的探索而产生。它们不但本质上是语言的空间,而且是在人们对它的体验过程中产生的。"[2] 在虚拟实在的建构

---

[1] [法] 马克·第亚尼:《非物质社会:后工业世界的设计、文化与技术》,滕守尧译,四川人民出版社 1998 年版,第 244 页。

[2] [法] R. 舍普:《技术帝国》,刘莉译,生活·读书·新知三联书店 1999 年版,第 98 页。

过程中，存在使用者与设计者的互动。由于虚拟实在定位于知觉层面，而知觉是一个主客观相互作用的领域，许多数据含有主观感受差异等难以量化的因素，这就意味着虚拟实在不是一种完全由设计者规定的单向生成过程，而需要依据不同的使用者的主观感受进行调节，是一种开放性的人工实在。

在消费社会，人们日益热衷于在虚拟实在的场景中体验快感，这种沉浸在人工智能中，用虚拟实在弥补现实缺憾、激发生存灵感的互动模式，成为消费活动的一部分，进入和影响着现实生活。人们可以在这种虚拟实在中建构安全的伦理秩序，实践理想道德，获得生命满足。在虚拟实在的空间和时间，一切现实生活中的不完满和缺憾都可以被抹杀消失。这是消费时代带来的一种完全不一样的存在体验。然而，当我们从中抽身出来，发觉自己所在的时空又完全是另外一个模样，心中的震惊和差异是否会促使你伸出脑袋，向窗外看一看街道上的行人，回望虚拟实在消失后的空间一片萧索。

然而，虚拟实在并非与现实完全断裂。现实作为虚拟实在的基础提供给虚拟实在以问题发生的可能性基础。它是现实的延伸和拓展，是秩序化重构的可能性探索，促进人的全面发展。同时，也使得现实发生了异化。虚拟实在的高效、便捷却又脆弱，沉迷于虚拟实在，容易使人逃避现实，造成人的情感淡漠。天涯与咫尺的空间时间转换，容易使人有错位感。

人工永远不能超越自然，终究是一种虚拟的存在。这种虚拟不能离开现实而存在。一旦发现这是一种虚幻，人就会陷入极大的怀疑和不安全境地。如电影《楚门的世界》。然而，积极的作用不能忽视，它通过对现实生活的透视，是一种生存方式的新诉求，是对现实生活的超越，丰富了存在，拓展了存在空间，作为一种虚拟的客观实在应用和渗透在生活中，改变着现代社会的伦理秩序。

## 二　多元化表达的现实性诉求

追寻秩序是人的本性，人们总是习惯性地把事物带进秩序中。"本质上是无序。不存在绝对肮脏的事物；它存在于观察者的眼中……"观察者的眼就是一种秩序的建立，一种规范和标准的预设。在这种预设的体系中，我们分辨什么是洁净什么是肮脏，然而在另一个观察者的眼中，这种分辨呈现出另一种结果。

1. 网络时代的自由化表达

网络本身是现实社会一种虚拟化呈现的实在性平台，它包含政治的、意识形态方面的、经济的、市场逻辑的、人文的、思维的、情欲的空间。传统的娱乐文化模式是一种他娱的形态，大众传媒作为传播的媒介，把各种娱乐画面和影像传递到消费者面前。而在移动互联网终端盛行的时代，这种他娱变成了自娱。人们在朋友圈发状态，展示自身话语权，发布自我的娱乐状态，共语的接受模式转为私语的消闲模式，在公共传播中编织自己的故事，传播自我的日常信息。

多元化的身份建构：随着网络时代的到来，宽带和传媒科技的发展，互联网已经日渐成为人们最为熟悉、熟知，并且越来越无法离开的传播工具。下一代的孩子们，从一出生就接触着网络、电子产品、工具传媒等时空传播方式，直接影响着孩子们的认知、时空概念、生活方式等，竟也有人戏谑下一代或者人类愈来愈成为工具人或者电子人，就是说人已经把自己的一部分身体、思想都交付给了网络、电子、手机等。无论是QQ聊天工具的使用，博客、微博客以及微信等的使用，视频录制，网络上传，这一切的工具手段都在影响和重塑着人们的生活方式、交际方式，改变着人的生存理念、伦理认知。网络在为人们提供信息传播和人际交往的特殊场所和特殊方式时，也为人们提供了颠覆传统社会身份认同的交际方式，即，一种几乎相同的网络端口赋予了每个人一个同样的入口，在网络上发表自我见解、展示自我存在的平台。再也没有一种身份的限制，受教育程度的限制，当然这种貌似的相同中，实际上蕴含着真实存在的不同。一种貌似平等、共同的虚构的身份与真实生活中的真实身份，产生了虚幻与真实的交错。虚拟和真实的身份，在真实与网络空间中表现着差异与错觉。有的人在现实生活中沉默寡言，却在网络社会中活跃异常。有的人在现实中优秀，却在网络世界中沉默寡言。

多元化的身份认同：人们在网络世界的运作影射到现实生活中，也影响和塑造、改变着真实的存在方式。传统社会人们对身份的确认，一般是以社会以及社会关系、地位为依据的，人们的现实身份感受着政治经济、文化、风俗等力量的影响，而对于个体自我认同，也是基于这种认同之上的。比如，一个父亲总是说孩子是个冒失鬼，孩子自然就认同自己是个冒失鬼。然而在网络社会中，人们可以自我虚拟和建构一种身份，自己选择自己的代码、昵称、角色符号，只要遵循或者安装某个软件，就能在一定的空间范围内获悉他人上传的信息，也可自我发布自己的意见、认识、言论，并与他人产生对话交流。而本来受现实生活中人们关注的家庭背景、性别、年龄、相貌、职务、文化背景、宗教信仰、性格特征等等都一概被忽略了。虽然人们并不看重网络身份与真实身份的统一性,但是即使是虚构的网络身份依然存在于真实生活中,是真实存在的一部分。社会总是习惯于以单面和侧面来展示个体存在,以此来维护个体身份的统一性,在现实生活的集体和社会中,也常根据个人的稳定身份特征来确定自我的身份。

多元化的身份表达:在网络中,人们可以随意改变自己的昵称、身份、角色。尤其是在网游中,同一个人可以拥有各种不同的角色、昵称、账号,在不同的身份和角色中扮演不同的性格、展示自我的不同侧面。这种不确定的身份认同模式,无疑类似于后现代伦理身份认同的模式,用霍尔的话说,"主体在不同时间获得不同身份,再也不以统一自我为中心了。我们包涵相互矛盾的身份认同,力量指向四面八方,因此我们的身份认同总是一个不断变动的过程"[1]。人们在极大的自主和自由中,领略完全不同于现实的生活,自由进出各种社区,穿梭于不同的空间,与不同的人交往,自由表达自我的内心世界,展示自我不被现实生活中的社会群体关注的特点、特长,或者聪明才智,从而获得在真实生活中没有获得的成就感。也因此而获得自我生活的改变,比如当年的芙蓉姐姐等。

当然为了网络管理的秩序化、文明化,逐渐实现的网络实名制,杜绝或者减少了各种网络垃圾的出现,人们信步漫游的网络世界貌似也越来越安全、健康。然而网络化生存建立在

---

[1] 源自:http://news.163.com/10/1220/13/6OBN7M7E00014JB6.html。

第六章 消费社会伦理秩序建构的现实性基础

信息化基础上的后现代文化模式,其本身就是多元化、流动和变居的,网络平台上体现的自主性、自由性,以及民主的氛围,虽然常常地带有盲目、耗费、无助、误导等负面因素,但是更多的还是被人们认可的。无法被抹杀、回转的便捷、时效,只要操作主体有一定的信息筛选能力、知识储备基础、视域及其方向性选择,能在真实生活中遵循自我的伦理信念,同样在网络平台上依然能继续维护,并能视其为真实生命的参与部分。

2. 符号秩序的无差距记忆

*时间的可逆性呈现*:电视时代过去了,网络平台容纳了一切。赶着点儿开电视看新闻、连续剧的时代已经过去了,不用每天眼巴巴地盯着电视等待,诅咒广告占据、打扰了电视剧的播放。在同一平面、同一视域、同一时间内展开的不同时间和空间,在网络的平台上已经被实现。后现代社会的人们改变了传统的距离和时空概念,可复制,倒流,记录刻印,使存在定格为某些永不消逝的瞬间,刻录传播在网络上,泛滥着时代的信息。精华和垃圾同时充斥的网络,使人们常常对空间时间概念感到模糊,在貌似虚构、永恒的时空内感受电子和网络带来的存在性错觉,人作为自然性质的真实存在常被忽略。在网络上停滞的时间和延续空间,复制和保存手段,正颠覆着传统的时间观念。

*空间的交错性呈现*:在同一个屏幕上我们可以看到同时进行的不同地域的画面,超越了空间限制的网络技术,把人们带入了穿越时空的后现代存在之中。人们通过自己的网络端口,只用点击就能轻易浏览世界各地的风景,通过视频、图片、文字的上传与阅读,人们在网络的时空中寻找自我呈现的顺序。例如,多地现场直播同时出现在一个电视荧幕的画面上,空间

因着电子技术的支持,在人们的生活中可以瞬间转换。

时空、身份可逆性幻觉:沉溺在网络游戏中的人们,之所以对其迷恋,是因为全身心的投入使得个体在网络游戏的时空中获得另一种身份,这种身份的秩序因为个体操作、付出时间、完成任务的不同而呈现差异。在这种另一时空的个体差异性排序中,主体自我的沉溺同样获得一种在现实生活中,某一领域内无法获得的心理体验和生命满足。

3. 参与式媒介文化

随着移动网络的发展、智能手机的普及,大众媒介正在让位于个人化参与式的媒介时代。在这个时代,私人领域的公共化及创作者的个性化表达以公共分享的方式表达出来。例如,博客、微博、微信朋友圈、微信公众号,以及各大网络平台的信息发布者,逐渐由个人或团体占据了主流,改变了以往信息发布以主流媒体、大众媒介为主体的模式。这种参与式文化虽基于网络虚拟世界,却对现实世界产生着不可忽视的影响。人们通过使用这种媒介改变自我认同与他人评价的思维方式,从而改变对现实世界的理解,并最终通过参与式文化行为改变现有的社会伦理秩序。

"新媒介素养应该被看作是一项社会技能,被看作是在一个较大社区中互动的方式,而不应被简单地看作是用来进行个人表达的技巧"[①]。人们越来越熟悉这种在社会网络中工作的方式,通过集体智慧提炼知识,又通过文化差异不同管理,从而融合性地、整体性地认识世界。个体参与的传播方式形成了参与为

---

① 李德刚:《新媒介素养:参与式文化背景下媒介素养教育的转向》,见《"传播与中国"复旦论坛(2007):媒介素养与公民素养论文集》,第483页。

主的社会文化模式，是一种门槛较低、共享创造的文化。人们以一定的身份模式参与一定的话题，在一些平台、社区发布信息、创作（包括音频、视频、文学作品），或以团队的模式完成一项任务，借助博客、微博、空间、微信朋友圈、微信公众号等渠道传播出来，形成一定的文化样态。"参与式文化主要指的是以网络虚拟社区为平台，以青少年为主体，通过某种身份认同，以积极主动地创作媒介文本、传播媒介内容、加强网络交往为主要形式所创造出来的一种自由、平等、公开、包容、共享的新型媒介文化样式。"[①]

## 三　主体感知秩序的建立与共享

### 1. 符内联系与个体知识

在现代后现代人类的生活中，虚构中有真实，真实中有虚构，在竞争与占有资源残酷、青年压力超前巨大的今天，更多的虚无主义、悲观主义侵蚀着人们的思维和观念。自杀率的剧增，对网游的沉迷，颓废、无助等情绪充斥在人们的存在之中。人们抓不到一根可靠的、能承载生命之重的稻草漂浮于存在的海洋之上，更多的人沉没于存在的汪洋之中。如何将自我主体的感知应对繁杂凌乱的社会表象，如何将物的因素被社会化的行为主体所感知，并形成一定的秩序，从而获得意义，这是目前人们应该思考和面对的社会问题。

---

① 李德刚：《新媒介素养：参与式文化背景下媒介素养教育的转向》，载《"传播与中国"复旦论坛（2007）：媒介素养与公民素养论文集》，第481页。

社会认知强调社会化的行为主体在社会历史、文化背景、学习进程等过程中，以及相应的行为实践中，与对象物发生关系。消费社会中，只有商品在消费的过程中才能产生意义，只有发生了交换关系，消费行为才能成为消费社会的主体。

人天生有一种将自我经验归纳总结的禀赋，主体在各种象征符号的包围中，用思维和判断将符号信息进行筛选、加工，以一定的秩序方式呈现出来，形成主体的知识体系。当主体遇到或用到此种符号信息和联系时，记忆就会调动储存在思维中的知识，运用于行为实践中。如图：

```
┌──────────┐  记忆  ┌──────────┐  影响  ┌──────────┐
│命名式符内联│ ────→ │主体的符号知识│ ────→ │使用式符内联│
│  系过程   │        │          │        │  系过程   │
└──────────┘        └──────────┘        └──────────┘
```

**图1　符内联系在同一主体内传承的机制**①

主体第一次建立某符号内联系："该经历经由记忆成为主体关于该符内联系的知识；此后，该主体在遇到或用到该符内联系的他者或载体时，会根据记忆中与之相关的符内联系的知识联系到相关的载体或他者。"② 即这种联系由记忆加工，成为主体关于某种符号的个体知识，该知识储存于主体记忆中可应用于后续的符号联系过程。

**2. 主体符内联系知识的交流**

人作为社会感知的主体，需要在交流中认知自我感知的准确与否或者渴望倾听，并叙述自我的感知。只有在交流中获得认可与共识，才能证明一个人建立的知识体系的科学性和有效性。

---

① 金毅强：《重思符号理论：符号过程的内在和外在机制研究》，浙江大学出版社2015年版，第89页。
② 同上。

# 第六章　消费社会伦理秩序建构的现实性基础

```
┌──────────────┐  影响   ┌──────────────┐  记忆   ┌──────────────┐
│主体A的符号知识│────────▶│主体A、B间符内│────────▶│主体B的符号知识│
│              │         │联系交流过程  │         │              │
└──────────────┘         └──────────────┘         └──────────────┘
```

**图2　符内联系在主体间传承的机制**①

一个主体将自己建立起的对于符号信息的认知体系，为了将它与其他主体联系起来，产生共鸣或者共享，并从中更深入地认识该符号体系的内涵、内在联系。"一个主体之所以建立某符内联系，也可能是为了将某他者与某载体——可以为另外的主体感知或可以外化成可以为另外的主体感知的载体——联系起来，通过让另一个主体感知到该载体而了解该符内联系，实现当下或以后交流的目的。"② 交流，是存在本身的一种渴望。主体在交流的活动和过程中一方面认可自身的知识水平；另一方面学习吸收他人之长，完善自身的认知体系。这种主体符内联系的知识交流更多表现在教与学的过程中。受教育的过程就是一个主体建构自我感知秩序的过程，在与他人交流的过程中分享并维护主体的感知秩序。

3. 符内联系的主体性共享

"一方面，符内联系过程，不管是命名式还是使用式，都可以经由记忆成为某个主体关于该符内联系的知识，而符内联系知识又可以在将来应用于后续的符内联系过程；这样，符内联系在主体的个体知识和主体发起的符号过程之间基本保持一致。另一方面，通过符内联系交流过程，两个不同的主体可以感受到相同或相似的符内联系。两方面相结合，众多主体都可以形

---

① 金毅强：《重思符号理论：符号过程的内在和外在机制研究》，浙江大学出版社2015年版，第89页。

② 同上。

成关于该符内联系的个体知识；这些个体知识相同或基本相同，可以说是这些主体的'共享知识'。"[1] 主体之间的交流模式为，接收者会将自身知识与接收到的符号信息进行比较，如果相符，就能获得交流的成功。这样主体会增强双方知识的一致性，并增加对此知识符号的信赖，从而达成对此符号现象的约定。这种约定成为一种潜意识的规约体系，存储在主体意识中，影响着主体的思想行为判断。这就是人类社会规约及伦理秩序能够存在，并被人认同执行的基础所在。

人们通过约定与规范，拥有强式共享知识。法律即一种强共享式知识，而道德规范在一定程度上成为弱式共享知识。伦理秩序的建立便是在弱式共享知识的基础上的一种强式认同。人们通过一定的媒介接受相关符号信息，并在交流和互相影响中确认、认同自我建构的主体性感知，通过社会性的规范实践这种主体感知的秩序结构，并在实践中相互影响、学习、感化，表现为一定范围内的社会伦理秩序。

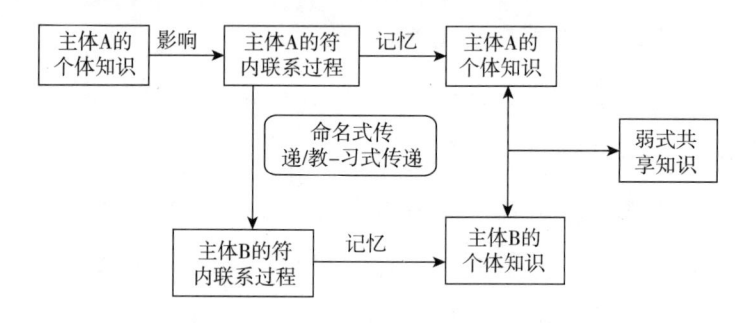

图3 符内联系过程、个体知识、共享知识的联系机制[2]

---

[1] 金毅强：《重思符号理论：符号过程的内在和外在机制研究》，浙江大学出版社2015年版，第91页。

[2] 同上。

## 第三部分

消费社会诚信伦理秩序建构的基本模式

在乔治·奥威尔的《动物农场》中，一群"自我觉醒"的农场动物，用思考与梦想引导了一场动物反对人的革命，并建立了动物农场的生存秩序。11岁的"老少校"见大伙都已到位，便清了一下自己的嗓子说："……在我去世之前，我觉得自己有义务把我所获得的智慧传给你们。我这辈子活得够长的了，当我独自躺在圈里的时候，曾有很多时间静心思考……我们的生命是悲惨的，劳苦的和短促的。我们生了下来，供给我们的食物仅仅够维持我们的躯体里始终有一口气，我们当中那些能活下来的，就被强迫干活，直到筋疲力尽；一旦我们的使用价值到了尽头，我们立马就会遭到骇人听闻的残酷杀戮。在英格兰，动物只要满了一岁，便再也不知道什么叫做快乐或休闲。在英格兰，动物是没有自由的。动物的一生只有受苦受难受奴役的份儿。这是明摆着的事实。"

"所有生灵中唯独人是光消费不生产的。人不会产奶，不会下蛋；人力气太小，拉不动犁；人跑得不够快，逮不着兔子。然而人却是所有动物的主子。人使唤动物干活，却只给动物少得不能再少的一点回报，仅仅为了不让他们饿死，而其余的部分悉数被人据为己有。""可见我们这种生活的万恶之源完全在于人类的专制统治……只要摆脱人的统治，我们的劳动成果就是我们自己的了。几乎一夜之间我们就能变得富足、自由。""永远牢记你们肩负的责任，对待人类及其举止行为，必须持敌视态度。凡是两条腿行走的，那就是敌人。凡是四条腿行走或者长翅膀的，那就是朋友。同样必须记住，在反抗人类的斗争进程中，我们切不可落到去效仿人类的地步……动物任何时候都不准住在房子里，或睡在床上，或身穿衣服，或喝酒，或吸烟，或接触钱币，或参与买卖。人类所有的习惯都是邪恶的。最最重要的是，动物不得欺压自己的同类。不分强弱，无论贤愚，我们都是兄弟。凡动物一律平等。"[1]

表面上看来，这些规则的制定既符合情感又符合理性。人们希望生活在一个公平、公正，没有欺压，没有战争的社会中。然而，自然界的最高法则却是优胜劣汰。人类在理想状态下设定的社会规则或许会给人类带来短暂的幸福感与良好的社会秩序，然而，一旦道德自律的内心经不住欲望、权力与利益的诱惑，而权力本身又缺乏有效的监督与制约，那么社会必将陷入一种混乱。权力必须用法律对其进行制约和监管，而不是用一种道德情感上的信任。新中国在成立初期，这种道德和信念性的约束曾起了巨大的作用，社会风气一度空前良好。人们夜不闭户、无盗无娼，然而这种社会在一种狂热的道德信仰中仅仅维系了短暂的时间。

在极权与专政的社会秩序中，国家和政府掌控着政治权力，私人空间被压缩，个体自由被压制。而现代的法治则是朝着对抗权力、保障人民自由与权利的方向发展。现代法治力图将权力导向多元分立，使得立法、行政和司法三者互相制衡，从而实现权力的发散化运行。

---

[1] [英]奥威尔：《动物农场》，荣如德译，上海译文出版社2007年版，第4—8页。

## 第三部分 消费社会诚信伦理秩序建构的基本模式

作为社会存在的庞大主体，个体的意志和思想随着社会环境的变化而不断发生改变。不同的社会行为规范在社会视域中存在并各自宣扬各自的主张，人们在这种混乱与喧嚣中不是摇摆不定，就是陷入空虚与迷茫，更有甚者，在吸收各种思维模式后，个体意志出现了断裂与前后不一致的矛盾中，个体道德意志的碎片化现象极度严重。人自身的救赎功能与人的自主意识，使得人在陷入这种混乱与矛盾时产生巨大疑惑和痛苦。人的自我反思在不断的抗争与追问中期望获得人的自我解放。社会法律的生存秩序不能遮蔽道德的意义秩序，人的精神层面的有序，必须从道德上的意义秩序来表现。

人们以为，人的解放是在对抗极权制度时，消除自身异化的危险，创造精神自主的空间和自由，从而实现人对自身的全面控制。"人的解放是人类中心主义的幻想，它着眼于人自身的精神性问题，从而树立人自身的最高意志的独立与认识的完善，达到对世界发展的必然性的把握与理解。它唯一的缺憾同时也是致命的弱点在于忽略了人类存在的周围环境与世界秩序。"[1]

人的解放是要摆脱制度的束缚，但人要实现解放的自由本身需要制度来约束与规范。"如果没有人与自然的和谐共处，没有人对自身价值有限性的批判与洞察，没有对人性以及弱势群体的关注，生存秩序的建设将只是一个遥远的梦。"[2]

---

[1] 周世海：《极权主义下的生存秩序与法律——评〈动物农场〉》，见徐昕主编《正义的想象：文学中的司法》，中国法制出版社 2009 年版，第 99—100 页。
[2] 同上书，第 100 页。

# 第七章　基于数字时代游戏规则的伦理设想

## 一　令人着迷的游戏规则

1. 游戏的魔力

在西方，最早记载游戏的是希罗多德的《历史》。吕底亚人为了应对饥馑，发明了游戏，"他们在一天当中沉醉于游戏当中，以至于不想吃任何东西，但是到了第二天则只是吃东西而不游戏。他们就这样度过了十八年。"[①] 现在，人们更多的是用游戏来消磨时间。无疑，游戏是一种令人愉悦、易于被接受的方式。这个时代的人似乎更充分地在体验着游戏的魔力，它令人废寝忘食，甚至消磨掉人对待现实的生活意志。

游戏是一项双重表意的过程。一方面，游戏本身作为一种符号信息由游戏设计者（规则设计者）传达给游戏者。另一方面，游戏者又带着自我主体对游戏信息的理解与阐释，并将其演绎出来。并在演绎的同时，用一种个性化的解读将游戏本身

---

① ［古希腊］希罗多德：《历史》上，周永强译，陕西师范大学出版社 2008 年版，第 42 页。

的信息加工、整合，并传播出去。

对于游戏的设定者来说，基于维护游戏的正常运行、维持游戏的完整性而设定的游戏规则，意图在于令参与者尽快领会并执行。这是游戏最基础的意图意义。而游戏的附加意义，比如游戏的教育目的、欲望满足目的、有趣尝试的目的，以及其他某种场景化、瞬时化感化和吸引的目的则被设计者（规则制定者）或者游戏者自身生发出来。"我们要在玩游戏中度过我们的一生……由此获得上苍的恩宠，并且在我们不得不与敌人战斗时，驱逐敌人和征服敌人。"① 游戏设计应该根据一定的理念进行，游戏者可以通过游戏锻炼心智，培养、选拔对游戏（社会）共同体有用或出类拔萃的人才。

2. 消费社会的游戏现象

"一切东西都可以买卖。流通成了巨大的社会蒸馏器，一切东西抛到里面去，再出来时都成为货币的结晶。连圣徒的遗骨也不能抗拒这种炼金术，更不用说那些人间交易范围之外的不那么粗陋的圣物了。正如商品的一切质的差别都消灭了。但货币本身是商品，是可以成为任何人的私产的外界物。这样，社会权力就成为私人的私有权力。因此，古代社会咒骂货币是自己的经济秩序和道德秩序的瓦解者。"② 消费社会带来的贫富差距越大、社会阶层划分越明显，就会有越来越多的人沉溺在游戏、故事、艺术、购物大厦中，他们渴望寻求一种秩序，迷恋付出与回报的必然联系，并从中获得一种存在的幸福和满足感。"与21世纪之初相比，美国20多岁的工人阶级的工作时间减少

---

① ［古希腊］柏拉图：《柏拉图全集》第三卷，王晓朝译，人民出版社2003年版，第561页。
② 《马克思恩格斯全集》第44卷，人民出版社2001年版，第155—156页。

了4个小时，而玩游戏的时间增加了3个小时。""如果进行问卷调查，你会发现，这些人的幸福水平远远超过了2000年早期同类人群的幸福水平。也就是说，尽管就业率降低了，越来越多的年轻人住在父母的地下室里，但他们对生活的满足感却更高了。""在短短三四十年的时间里，一种青少年亚文化的活动变成一种覆盖所有年龄、性别、种族的大众文化。"[1]

人存在于地球上，只能占有一个身体，只能存在一小段时间，物质再丰盛，生活再享受，也超不出一日三餐、生老病死。又因为"命定的恩赐"与资本占有能力的限制，使得更多的人只能注定在一定的社会阶层，无法经历超越阶层的生活的体验，个体认知也相应受到局限。所以更多的人愿意通过游戏、酒精、故事、魔法、艺术等方式来获得另类体验，逃避和暂时挣脱现实的局限和束缚，以及现实生活中努力与回报的不确定性恐惧。多数人希望将生存纳入一种强大的控制性力量中，遵循相应的秩序，遵守相应的规范，敬畏主宰生命的自然。那么，我们要构建的社会伦理秩序就必须是遵循这种自然力量、借助科学手段、契合大众期待、敬畏自然规律的一种秩序规范。这种规范类似于游戏的规则，人人愿意遵守，并因为付出努力、遵守秩序而获得相应的升级和回报。消费社会完全能创造出一整套神奇的社会机制，刺激人们参与的热情，如游戏一样，用清晰的指令，告诉人们应该做什么，让人们的注意力集中在当前的具体任务上。当然，这种具体任务的设定对于大众的存在与成长来讲，应该是必要和有益的。否则，机制就会陷入混乱。在这

---

[1] 陈赛：《一切皆游戏：联接现实与未来的桥梁》，《三联生活周刊》2017年第10期。

种机制中,大众必须是有自主意识的主角,因此机制的设置,从中获得存在的归属感,并能及时获得一种认可与回报。

3. 消费社会的游戏规则

"资本的一般属性是指投入于商品与服务的生产过程中,并能够创造社会财富的能力。"具体地说,资本是通过投资,以增加经济主体未来创造财富能力为目的,形成资本的积累。资本提供收入,提供收入的物品就是资本。一方面,资本家不断扩大资本,利用资本的逻辑滚雪球式地膨胀,在膨胀的过程中,不顾效用、道德等,资本带动着利益的,本身具有巨大的破坏性。"资本由于无限度地盲目追求剩余劳动,像狼一般地贪求剩余劳动,不仅突破了工作日的道德界限,而且突破了工作日的纯粹身体的极限。它侵占人体的成长、发育和维持健康所需要的时间。"[1] 疯狂到"只要还有一块肉、一根筋、一滴血可榨取",它就决不罢休。

资本的存在与发展以及其展现的所有活力,都来源于它的获利性。"资本害怕没有利润或利润太少,就像自然界害怕真空一样。一旦有适当的利润,资本就胆大起来。"[2] 自利性是资本的自然本性,就像人作为基本的消费者,不能离开吃穿住行一样,但无论是人的本性,还是资本的本性,却都是可以通过伦理规范来进行约束的。法律和道德可以抑制资本的过度贪婪,使其具有文明化的特征。

因为建立在科学文明发展的基础上,资本可以具有文明化的特征,这种文明化特征使得人的自由得以发展。例如,科学

---

[1] [德] 马克思:《资本论》第1卷,人民出版社2004年版,第306页。
[2] 《马克思恩格斯选集》第二卷,人民出版社1972年版,第265页。

技术发展节约了劳动时间，节约的劳动时间使得人在自由时间中得以充分发展，这种充分发展又作用于生产中，促进着资本的文明化程度。马克思说："时代具有人道精神了，理性起作用了，道德开始要求自己的永恒权利了。"① 这不仅肯定了资本促进生产力发展的作用，而且还肯定了资本对社会关系局部调整的历史进步性。马克思在《资本的历史使命》中指出："资本作为孜孜不倦地追求财富的一般形式的欲望，驱使劳动超过自己自然需要的界限，来为发展丰富的个性创造出物质要素，这种个性无论在生产上和消费上都是全面的，因而个性的劳动也不再表现为劳动，而表现为活动本身的充分发展，而在这种发展状况下，直接形式的自然必然性消失了，这是因为一种历史地形成的需要代替了自然的需要。"②

对于消费者来说，消费是一种有目的的行为活动，包括消费偏好和消费选择。消费偏好是消费者希望通过消费活动获得一种心理上的满足。而要获得这种心理的满足，就要按照一定的消费规则，通过一定的行为选择才能实现。消费偏好受价值观念的影响。商品的效用价值让人们知道消费品或商品有满足人的需求和欲望的能力，但人的消费能力是有限的，消费是有边界的。当人们达到了消费的边界，人就会审视和调整自身的消费行为。例如，人每天只能吃三块面包，喝四瓶水，如果人一天的消费行为购买了十块面包，十瓶水，那么对于这个人来说，在今天这个时间段里，他的消费行为的实际效用低于只购买三块面包、四瓶水的人。消费商品对作为主体的人来说，并

---

① 《马克思恩格斯选集》第一卷，人民出版社2012年版，第23页。
② 《马克思恩格斯文集》第八卷，人民出版社2009年版，第69—70页。

非越多越好。所以人需要在消费行为中选择出最优的规则来调节自身的消费行为。

对于身处消费社会的人们来说，在商家鼓吹某某商品有何效用，在人们抵制不了诱惑，购买了一大堆对自身没有实际效用的商品时，是否对自身的消费行为有过思考。消费过程中，人们需要用一种效用价值最大化的规则来衡量自身的消费行为。这应该是一种健康的、对消费行为有指导意义的、有效的消费规则。消费社会需要不断发展，不断创造新的奇迹，就要不断在这种资本逻辑与消费理性的挣扎中斗争。资本逻辑的不断膨胀就会导致阶段性的社会经济危机，这种社会危机使得消费泡沫不断破裂，又在效用性的需求中重新生成增长的契机。

## 二 数字时代的诚信伦理

### 1. 数字信息时代

因特网作为一种数字信息交流形式，对人类社会产生了深远的影响。它建立了全球互联网下的信息社会的通信结构，以图、文、声、像的形式，向人们传播多媒体信息。人们可以随时调用网络信息，同时这种信息的数量也在迅速、不断地增加。

有人说："因特网将把我们带入一个和平美好的世界，它将振兴儿童教育，迎来一个健康的直接民主时代，并最终创造条件，实现微软总裁欢呼的那种'没有摩擦的资本主义'。"[①] 人们沐浴在信息的世界里，通过网络线路的不断增加、储存量越

---

① ［美］丹·希勒：《数字资本主义》，杨立平译，江西人民出版社2001年版，第119页。

消费社会诚信伦理秩序构建的可能性思考

来越巨大的数据仓库，社会将变成一种温和、友好，充满科学、文明和人工智能的世界。在这个世界里，贫穷和专制正在消失，缺乏道德责任感的被操纵的传统媒体正在消失，信息越来越多地来源于真实、大众，反映着最实际的现象。互联网和电信系统构成了这一全球化的社会活动的存在前提。

真实的社会现状和信息被互联网用各种形式传达出来，以数字和数据的内容储存，为人们分析社会、查询资料、收集证据等，提供了庞大的、可靠的、真实的数字依据。企业的产量、产值和利润的统计数据，电视台播出的气象预报数据、股票指数、外币兑换率等一系列与人日常生活息息相关的数据，作为一种可被接收者识别的符号，反映和传递着接收者最关心的社会信息。数据的形式也有数字、文字、图形、图像、音频和视频等多种方式构成，它们都可以经过数字化处理后存储在计算机设备中。数据是信息的具体表现形式，是信息的载体，而信息是数据的内涵，是对数据语义的解释。这些被存储的数据可以被分类、加工、编码、排序、传输等，为了方便更快捷获得需要的信息。这个过程就是信息的开发过程，一个有效、便捷的数据管理软件，极大地提高了数据信息开发处理的能力，因此有了数据库和其管理的相关技术。"电脑网络空间是个庞大的建筑工地。在那里，各种政治经济工程正在建设之中，其中最具雄心的当是新的消费媒体建设工程。"[1]

2. 数字危机现象

2005年，《中国乡镇企业》发表了一篇《数字的诚信——

---

[1] 同上书，第11页。

从"5855亿元"的来源谈起》的文章。文中提出国家发改委某研究官员说,"我国每年因逃废债务造成的直接损失约为1800亿元,由于合同欺诈造成的损失约55亿元,由于产品质量低劣或制假售假造成的各种损失2000亿元,由于三角债和现款交易增加的财务费用约有2000亿元,另外还有逃骗税损失以及发现的腐败损失等"。上述的引用数据加起来为5855亿元,而这个数据在2002年3月25日新华网转载《中国青年报》的报道中就出现过。"2002年2月,商务部、中国外经贸企业协会信用评估部组织专家对全国上万家企业进行了信用调研,结果让人触目惊心,调查结果显示,中国企业因信用问题造成的损失达到5855亿元,相当于中国年财政收入的37%……"2002年2月5日《经济日报》引用国家统计局国民经济核算司司长的话说:"上述报道中提到的概念混乱,它们和GDP不是一个口径,比如三角债、逃废债务造成的损失,欺诈造成的损失等,这些概念和GDP都不是同一类概念。通常我们在计算GDP时使用的数据是来自统计部门、财政部门和有关部门,如金融保险系统、铁路系统、民航系统、邮电系统等,这些部门的数据均不会讨论无效成本。"① 显而易见,这个5855的数据是一个虚假的数据。

另外,如2004年9月7日中国粮油学会通过媒体发表声明称金龙鱼1∶1∶1调和油广告"盗用"学会油脂专业分会副会长李志伟的名义,错误地宣传花生油对人体健康的影响,并指出目前国内外市场上没有任何单一食用油或者食用调和油的成

---

① 尚岩:《数字的诚信——从"5855亿元"的来源谈起》,《中国乡镇企业》2005年第11期。

分能达到1∶1∶1的均衡营养比例。类似的例子数不胜数,说明我们的社会还充满了数字虚假、伪造等不道德现象。数字和数据本是对真实的记录,在虚假的基础上,数字就完全失去了存在的意义。如今,大量企业还在公司账目、报表数据和工程数据上作假,捏造的数字和数据已经极大地危害了消费者利益和国家的信誉。很多人利用数据欺骗、诈骗,造成很多负面影响。不伪造数据,是数据存在意义的前提。在一定的伦理规范下采集收据,使得数据本身符合伦理秩序的要求,并确保采集数据的方法能够验证要研究的问题。同时保障数据的有效性、实证性,理论上的合理性,等等。

3. 数字消费时代的诚信伦理

"如果现今的潮流真的正逐渐从万维网转移,那么一部分原因也是因为大部分商界人士越发倾向于传统媒体'要么全有,要么全无'的模式,而不是万维网'利益均沾'的集体乌托邦模式。这不仅仅是因为商人们的思想成熟了,从很多方面而言更体现了一种强势的理念,这种理念拒绝万维网的道德观、技术和商业模式。万维网曾经从自上而下垂直整合媒体世界那里夺走了控制权,而只要重新思考一下互联网的本质和用途,控制权实际上是可以收回的。"① 单靠广告盈利已经无法在网络上取得成功,媒体公司开始想办法让消费者为数字媒体买单。媒体公司将最棒、最新的数字内容做成手机应用,而不再是将其放在免费网站上。数字信息社会对诚信含义赋予了新的意义,表达为一种多种社会力量长期反复博弈后,对他人善意的期待,

---

① 王世伟、俞平、轩传树:《国外社会信息化研究文摘》,上海社会科学院出版社2015年版,第19页。

一种在信息社会开放、平等、自主特征消解了传统诚信的道德基础,一种数字信息社会维护公共利益的价值核心,在平等自由的公共空间实现公共利益的伦理秩序。

## 三 大数据时代的伦理秩序

1. 大数据的概念

自从进入互联网时代,社会经过几十年的发展,人们利用各种新出现的技术成果创造了各种获得各类型数据的工具。如手机、手表、计步器、电子仪、检测仪等,以此来获得各种生活、生产以及交往的数据,从而更加准确地把握事物的动态、健康的状况、自然界的运动变化规律等。"随着信息技术日益广泛运用于社会生产、生活领域,几乎人类活动一切领域的相关信息都能得以储存、开发和使用,信息技术专家将这一海量信息爆炸式增长称为'大数据时代'。"[1]

大数据已经成为一个包罗万象、统管一切的术语。"在最简单的意义上,大数据代表了处理大量复杂信息以作出更睿智业务决策的能力"。然而,巴瓦又说:"大数据不是具体技术。大数据是一种运动。它涉及的是组织机构如何利用不同类型的信息为不同的业务目的服务,以便释放出过去未知的或不可企及的价值。"[2]

---

[1] 熊富标:《大数据时代诚信机制建设的机遇、特点与路径》,《中州学刊》2015年第6期。

[2] 王世伟、俞平、轩传树:《国外社会信息化研究文摘》,上海社会科学院出版社2015年版,第69页。

消费社会诚信伦理秩序构建的可能性思考

2. 大数据经济时代的消费伦理

在2010年前后，这种数据的数量之多、种类之繁杂以及增长速度之快，引起了人们的注意。人们开始思考这种现象背后的意义，并对数据分类、存储等问题，进行了进一步的伦理范畴的思考。

2014年，美国"大数据、伦理和社会委员会"第一次召开会议，委员会通过"对数据分析项目的公开评论、公开事件、白皮书和直接管理"，将"解决诸如安全、隐私、平等和接触权问题，旨在预防重犯已知的错误和不恰当的制备"。"我们所有的重要投入都在下一代互联网上，都在大数据上。我们怎么在研发领域就确认它们能知道和识别可能出现的问题呢？""随着新建的企业、公司和重要的互联网资产越来越认真地利用所收集的消费者和客户数据，随着技术供应商在努力简化大数据分析，现在正是高层次审视大数据面世的最佳时机。"[①]

数据已经成为全球各经济领域的洪流，越来越多的交易数据，以便捕捉相关客户、供货和运作的信息。互联网的传感器安装在手机、汽车等互联网时代能够感知、产生和交流数据的设备装置中。有证据表明，大数据具有很大的经济作用，不仅有利于私人商业，而且有益于国家经济和公民。数据对世界经济有极大价值，能提高生产率和竞争力。存储、集中和组合数据，然后利用结果进行深层分析，降低成本，减少障碍，正处在创新、增效和增长的顶峰，竞争与获取价值的新方式也在登峰造极。使用海量数据，成为主要公司超越竞争对手的方法。

---

① 王世伟、俞平、轩传树：《国外社会信息化研究文摘》，上海社会科学院出版社2015年版，第66页。

奥巴马说："我们正致力于推动私人部门的创新和发现，手段之一就是公开大量数据，实现史无前例的信息可及性。那些独具才干的企业家也正在利用这些数据开展一些了不起的项目。"①

因为数据本身作为一种对真实世界与活动的反映，是没有谎言的。数据是一种可靠的反映和说明。数据本身的逻辑和特性要求有较高的严谨性和真实性。

大数据的无形之手已经触摸到了所有上网和使用手机的人。天猫、京东等网络销售平台，以及今日头条、一点资讯等新闻平台都已经利用大数据的运算法则导演了其展示的内容。"大数据是一种推动力量，促使我们不断利用人工智能来进行自主决策。这个技术已经发展到前所未有的能够分析模式、提供指导的程度了。"②

3. 大数据经济时代的诚信伦理

基于大数据开发的"芝麻信用"等信用评价工具的出现，为我国社会诚信机制建设提供服务。人们企望通过大数据，将"陌生人交往"的诚信格局，变为一种将个人、组织团体等信用数据纳入一种大数据库，以便对诚信信息的查询、分享，并建立完善的诚信奖惩机制等，在大数据的时代里，人们的陌生变成另一种意义上的"知根知底"。"在扩张性市场逻辑的影响下，因特网正在带动政治经济向所谓的数字资本主义转变。""人们开始依据新自由主义原则重新构建因特网。"③

---

① 王世伟、俞平、轩传树：《国外社会信息化研究文摘》，上海社会科学院出版社2015年版，第60页。
② 同上书，第70页。
③ [美]丹·希勒：《数字资本主义》，杨立平译，江西人民出版社2001年版，第16、18页。

虽然大数据带来了种种安全隐患，如捆绑式注册、个人信息的过度搜集，以及匿名无效等问题使得人们对大数据下网络消费时代的信息安全尤为重视。"2015年中国互联网协会对外公布的《中国网民权益保护调查报告》指出，网购、网络搜索、在线旅游网等成为网民权益遭受侵害的'重灾区'，近一年来，因个人信息泄露、垃圾信息、诈骗信息等原因，导致网民总体损失约805亿元。"[①] 但是更应该看到大数据带来的社会伦理秩序的日渐成熟化。

大数据带来了时代的蜕变，整个商业领域也因此而被重新洗牌。网络消费在大数据时代呈现出双向、交互、分享、便捷等的消费特征。大数据减少了现代社会不确定的交往格局，为陌生人之间的诚信交往提供了可能。为个人诚信信息的存储、征信、搜寻和共享提供了技术支持。为社会诚信的奖惩机制和舆论提供了约束和规范。有信息收集的全面性、社会监督无处不在，评估审核也更加客观，诚信资本在社会交往中有增值的特点。

---

① 许玉花、王丽萍、汪梦妍：《大数据时代网络消费个人信息安全问题研究》，《中国集体经济》2016年第9期。

# 第八章　当下中国社会伦理秩序的建构

诺贝尔经济学奖获得者、美国经济学家西奥多·W. 舒尔茨说:"设想某一经济体系拥有土地和可进行再生产的物质资本,包括如同美国现在所可能拥有的生产技术,但是它的运转却受到下列的各种约束:不可能有人取得任何职业经验;没有受过任何的学校教育;除了所居住地区的信息之外,谁也不拥有任何别的经济信息;每个人都受其所在环境的巨大约束;人们的平均寿命仅仅为40岁。在这样的情况下,经济生产肯定会悲剧性地大大下降。除非通过人力投资使人的能力显著地提高,低水平的产出必定会与其僵硬的经济组织同时并存。"[①] 与人力资本密切和直接关联的道德资本,影响和制约着资本效益的获得。人的正确的价值取向和科学的道德精神与道德实践推动着经济社会的发展。道德作为重要的资本,必定要投入生产过程,并从中获得更大的利润。

在资本运作的逻辑下,很难把持利益与道德的维度。对资本的清晰认识,在资本逻辑中几乎是不可能的。资本运作,创

---

[①] [美] 西奥多·W. 舒尔茨:《论人力资本投资》,吴珠华等译,北京经济学院出版社1990年版,第19页。

造着巨大的财富"理想国"。这种几乎不可抗拒的诱惑和欲望,把整个社会都纳入资本运作的体系中。人们对于资本的狂热,有一种进入永恒的虚幻状态。消费社会正是善于运用这种虚幻,从而进一步刺激和扩大资本的"理想国"。在资本的"理想国"中,个体道德自觉完全失去了意义。不断有对资本陷入狂热的人前仆后继,作为资本"理想国"的奴役,将自己的欲望释放在虚幻的资本空间。

## 一 诚信资本的道德是可能的吗?

### 1. 诚信资本

"所谓资本,从内涵上,它是指投入经济运行过程,能够带来剩余价值或者创造新价值,从而实现自身价值保值、增殖的一切价值实体和价值符号;从外延上,它既包括资金、厂房、机器设备、劳动力、能源等一切实物的价值实体,又包括科学技术、管理、制度、社会意识形态等非实物形态的价值符号。一句话,凡是能创造新价值的有用物均可构成资本。"[①] 从这个意义上来讲,道德作为一种在无形中激活实物资本,获取利润的力量,也可以称之为资本。

诚信是一种无形的资本,所以在利益的面前,很多人容易忽视甚至漠视它。诚信资本同有形的资本一样,是需要积累的。古今中外,无不强调信誉。言必信,行必果。季布一诺。就是因为得到了人们的信任,所以才能为自己施展各种谋略奠定基础。诚

---

① 王小锡、华桂宏、郭建新:《道德资本论》,人民出版社2005年版,第5—6页。

信资本，需要长时期立言立行，要经过世俗的评判，才能获得认可和信赖。任何一个品牌的建立都是一个积累诚信资本的过程。

举个最简单的例子，现在在淘宝上买东西，首先要看店家的信誉，若是信誉好、评价高，消费者才会选择购买；若是信誉不好，评价不高，消费者一般都不会选择。马云说："诚信不是一种销售，不是一种高深空洞的理念，是实实在在的言出必行，点点滴滴的细节。"无形的诚信资本可以转化为有形的财富。市场经济是竞争的经济，不仅是物质、技术、商品质量的竞争，更是企业形象和信誉的竞争。良好的企业形象和商业信誉本身就是一笔巨大的财富。诚信是一个企业的品牌，本身就是一种资本，一种市场占有的力量。

对于企业来说，企业的诚信资本可以有效地降低企业的交易成本，从而获得更大的利润空间；企业的诚信资本可以凝聚人才，从而获得更大的发展空间；企业的诚信资本是获取发展资金的有效保证，从而获得更多的规模化拓展的机会；企业诚信资本是企业产品和服务走向市场，并被市场认可的通行证，从而获得企业的市场占有率；企业诚信资本是建构优秀企业文化的基础，从而获得企业文化管理理念和品牌的良好社会效应。"一个社会能够开创什么样的工商经济，和他们的社会资本息息相关，假如同一企业里的员工都因为遵循共通的伦理规范，而对彼此发展出高度的信任，那么企业在此社会经营的成本就比较低廉，这类社会比较能够井然有序地创新开发，因为高度信任感容许多样化的社会关系产生。"[①] 社会经济团体，在某一种

---

① [美] 弗兰西斯·福山：《信任——社会道德与繁荣的创造》，李苑蓉译，远方出版社1998年版，第37页。

程度上来说是一种社会文化的社团，他们的组织是由每个成员内化的伦理习惯和相互约束的道德义务凝聚而成的。这些规则和习惯成为他们彼此信赖的基础，他们支持团体的决策，并不以狭隘的经济自利心为原则。例如，某个公司在发展的过程中出现了危机，若此公司本身具有良好的诚信资本，那么员工一定会愿意牺牲自己的利益来保全这个团体。因为员工相信这个团体，信任团体能渡过难关，并相信公司陷入困境只是暂时，因着良好的信誉保障，定会走出困境，重获生机。

2. 诚信伦理的社会资本性转化

对于社会管理而言，诚信并非单纯的道德层面的意识和行为。诚信作为一种具有巨大经济意义的稀缺资源，是一种重要的经济资本。它以一种无形资本的方式呈现出来。表现为一个政府管理的社会、企业组织等的合作性、品牌、信誉等，并通过一定的社会活动和社会秩序，将这种无形的资本转为有形的资本。这种无形的资本形式通过与社会发生直接的关联而形成资本，是一种社会资本。"所谓社会资本，则是在社会或其下特定的群体之中，成员之间的信任普及程度。"诚信作为一种社会资本，强调人们在社会的组织活动中、交往活动中体现的信任关系。它是一种人们在合作交往过程中所秉持的社会化的道德品质，一种普遍性的社会信任。R. 普特南说："我用'社会资本'一词来指称社会生活的这样一些特征——它们有助于参与者更加有效地共同行动以追求共同的目标，比如网络、规范以及信任等。"[①]

---

① 石向实：《马克思主义哲学的当代视域》，中央编译出版社2008年版，第172页。

第八章　当下中国社会伦理秩序的建构

帕特南认为："社会资本是指社会组织的特征，诸如信任、规范以及网络，它们能够通过促进合作行为来提高社会的效率。"① 弗兰西斯·福山在《信任——社会道德与繁荣的创造》一书中，根据诚实、信任等社会资本在现代经济生活有序运行中所起到的作用，将社会分为具有较低信任度的社会与具有较高信任度社会。较低信任度的社会，社会信任感多存在于血亲关系之中。而较高信任度的社会则是拥有较丰厚社会资本的社会，是有高度自发社交性的社会，享有普遍的社会信任感，在非血亲关系的基础上，建立的大型经济组织，并为了共同的经济目标携手合作的社会。缺乏这种大范围、普遍性信任的社会注定在经济发展中有极大的限制性。

中国的熟人社会对诚信的道德要求不是一种普遍性的社会信任体系。所以，对于中国目前的社会发展来说，建立一种普遍意义上的社会性的信任机制，建立普遍性的社会信任体系，正在朝这个方向发展。经济生活发展，人们生活水平越来越高，对精神和道德层面也有了要求。普遍性的社会信任水平有所提高。

3. 诚信资本的道德作用

诚信是一种将复杂社会关系和社会活动流程简单化的有效手段，它能使人在复杂的社会关系中，运用最原始最直接有效的方式作出判断。诚信的主题包含着与时间的疑问关系，所以诚信本身是一种预期未来的行动。"未来包含的可能性，远远多于现在可能实现的、因而可能转变为过去的可能性。……人类

---

① ［美］罗伯特·D. 帕特南：《使民主运转起来：现代意大利的公民传统》，王列、赣海格译，江西人民出版社2001年版，第195页。

不得不生活在与这种永远过度复杂的未来相伴的现在。因此，他必须消减未来以适应现在，也就是说，减少复杂性。"① 信任本身是一种风险，需要一定的社会机制来控制这种风险。一方面，人不能单纯地用经验来判断该不该信任，需要一种科学有效的系统将事件纳入控制之中；另一方面，人应当保持对个人、社会的信任，将其作为应对复杂的一种手段。

道德作为一种无形的资本，对市场经济有一种推动力，这种推动力有规范市场经济的作用。道德资本的运作以道德指数的资本形式反映出来。例如，《金融时报》股票交易所国际公司的行政总裁梅克皮斯表示，应投资者的要求，他们推出"道德指数"的"我们推出该指数的原因，是由于投资方在选择投资对象时，越来越多地希望挑选那些有社会责任感的公司。近期，投向这方面的资金是以往的 4 倍"②。这种"道德指数"以社会公德的标准来衡量和选择企业，鼓励投资者把资金投向具有较高道德责任感和社会责任心的公司。使得道德资本的运作更有现实可操作性。

一些人可能会认为，信任并不是合作的必要条件，共同利益才是合作的充分条件。因为共同利益作为基础，人们才必须互相信任，虽然利益与信任是完全不同的两个问题，但在这个层面上，信任是社会生活发生的一个先决条件。

道德可以称之为一种资本，一种精神的或者知识性的资本。一种可以投入生产并促进资本运作的力，用一种看不见的理性

---

① [德] 尼可拉斯·卢曼：《信任：一个社会复杂性的简化机制》，瞿铁鹏、李强译，上海人民出版社 2005 年版，第 17 页。
② 刘桂山：《英国推出"道德"股指》，《北京青年报》2001 年 7 月 12 日。

力量，促使资本实现运作并实现利润的最大化。道德可以是一种资本，另外，资本也具有自身的道德性。

马克思说："每一种经济关系都有其好的一面和坏的一面。"即资本有其野蛮贪婪的一面，也有其文明道德的一面。因为"资本不是物，而是一定的、社会的、属于一定历史社会形态的生产关系，它体现在一个物上，并赋予这个物以特有的社会性质。"① 而且，随着市场制度、社会福利制度的不断完善，资本的文明化程度会越来越高。

或许在某一个阶段，人对资本和金钱有一种绝对的迷恋。但是年龄的增长，死亡的逼近，都会迫使人有不同的认识。"人类为了逃避自然的严酷无情，建立了城市，却又为城市的喧闹所禁锢，渴望回到自然。人类对于自身某些粗鲁的特征感到羞耻和厌恶，于是做出种种努力，要逃避这种本性，整容、遮羞都属于这种逃避。我们为了逃避心灵的蒙蔽与混沌，发明了科学，但是，当现代科学发展得如此纤细，如此丰富，将触角延伸到所有的角落，承诺揭开所有隐藏的神秘性时，我们又觉得，科学所创造的这个安全、有序的世界有一种令人难以忍受的沉闷气氛。于是，我们再次怀念起以往主宰我们命运的自然，期待冥冥之中某种神秘力量的介入，以及它所带来的夸张、戏剧性与命运感。"②

在经济全球化和社会政治民主化的背景下，诚信成为一种非常重要的社会资本，对市场经济的健康发展起着重要的作用。作为一种无形的社会资本，诚信资本具有不可转让性、积累性

---

① ［德］马克思：《资本论》第3卷，人民出版社2004年版，第922页。
② 陈赛：《一切皆游戏：联接现实与未来的桥梁》，《三联生活周刊》2017年第10期。

和寄生性及相对独立性等特点。它在市场竞争中是取胜的关键武器。不光是企业需要诚信资本，政府和个人同样需要诚信作为自身合法性参与社会交往的立身之本。

## 二 遵守与违背：中国人的实用理性

1. 实用理性与道德

在李泽厚的《实用理性与乐感文化》中，"中国传统实用理性过于重视现实的可能性，轻视逻辑的可能性，从而经常轻视和贬低'无用'的抽象思维"。中国人观念中的实用理性，"极端重视现实使用，缺乏对超验价值的追求，只关注现实的、此岸的价值"[①]。中国人在政治、商业、经验科学和人事关系方面都习惯于深思熟虑、不动声色，对一切可能性都会有周详细密的计算和估量。过于注重现实，凡事强调实用性，习惯用"有用"还是"没用"来衡量某件事物的价值，就会造成为了达到实用的效果，不惜抛弃正义、漠视规则，甚至违背道德。

关注现实生活，不作纯粹抽象的思辨，不让非理性的情欲横行，事事强调实用、实际与实行。满足于解决问题的经验论的思维水平，存天理灭人欲，一种乐观又冷静的态度，要求道德也是非超越世俗的内在价值需要，是一种适应社会生活，获得社会认可，实现个人目标的阶梯。

---

① 《幸福凤凰：城市社区创新社会管理的理论与实践》，南京师范大学出版社2011年版，第26页。

## 第八章　当下中国社会伦理秩序的建构

社会危机的凸显，都会导致实用理性的凸显。自强事功压过道德。晚清时期，因为列强入侵，洋务派崇尚师夷长技，民族自强、救国救民的过程，人们注重实际、实效。儒家道德褪去神圣光环，道德规范被视为空谈，渐失人心。"在中国传统文化中，道德从来没有作为人类的终极信仰而存在，它始终是规范人类实践活动或者说是实现某种价值目标的手段之一。"中国的现代化就在这此消彼长中，形成实用实利的价值标准，德行节操则越发无足轻重。唯利是图而不顾义之安，唯功是图而不念道之悖。李鸿章说："天下熙熙攘攘，皆为利耳。"但论功利，不论气节，但论才能，不论人品。人们"视之为普遍真理的儒家原则，不是那种可以由信徒恪守于内心中的宗教原则，而是在社会效用中才得以维系的社会原则"。

2. 尊重道德普遍原则的责任

亚当·斯密在《国富论》中说，尊重道德普遍原则的人，都是可以信赖的人。他们对道德有责任感。通过教育和训练，大多数人可以深入了解并掌握这种普遍原则，并通过遵守这些原则而避免遭受重大的指责。

"一个妻子也许并不深爱丈夫，但如果她具备道德修养，就会努力表现出她对丈夫的爱，并且恪守一个妻子的本分，对丈夫关怀备至，贤淑忠诚。这里谈到的这位朋友和妻子，肯定不是最好的朋友或者妻子。他们认真而迫切地想履行自己的愿望，但还是难以发自肺腑，体贴入微。如果他们具有和自己身份地位相符的感情，就不会错过许多能显示自身存在的机会。但即使不够完美，也是第二流的，因为他们出于对普遍行为原则的尊重，才会在绝大部分场合保持完美。只有最幸运的人才能把自己的感情和地位配合得天衣无缝，让自己在所有场合都应付自如，左右逢源。"①

在伦理共同体观念中，每个伦理主体都被要求充当普遍伦理意识的对象，按照伦理关系去存在。所有伦理主体被同一的伦理关系结合在一起，成为互为对象而主动创造着伦理存在的同一群体，构成伦理社会。由于主体伦理意识的有限性，可能会对伦理关系偏离，需要外在的引导和他律来约束。

对于中国人来说，有较好的传统道德，虽然在传统伦理秩序中有很多不合理的地方，尤其对女性的压抑，在今天或多或少地遗留在很多人的观念中、社会现象中，社会对女性存留这种歧视，造成许多家庭和社会矛盾的冲突和激化。那么，如何修正这种传统伦理秩序，在当下的社会背景之下，寻找契合社会发展的、稳固社会和谐的伦理模式，是当下需要思考、摸索和总结的问题。

3. 遵守道德普遍原则的途径与方法

"在我看来，决定我们尊重普遍原则的程度的高低，还在于它本身的精确或者含糊。"在新实用主义理论看来，在法律判断领域中存在两个截然不同的指导观念：普遍原则指导和效果探索尝试。例如，一个人要去某个地方却迷路了，一种办法是找到地图；另一种是进行路线的尝试摸索。第一种方法，要找到合适的地图，并在地图上找到迷路者的位置，并通过地图的标示确定路线。第二种方法直接凭直觉尝试各种路线，在路途中可以通过询问、直觉判断寻找新的线索。对于第一种方法，找

---

① ［英］亚当·斯密：《国富论》，莫里编译，中国华侨出版社2013年版，第362页。

到合适的地图最关键。若没有合适的地图作参照,就只能用第二种方法进行尝试。

如果社会能给出一幅清晰的、适宜的地图,即契合社会发展的伦理秩序的规范,那么人们只需要遵循它即可。然而,当我们没有一幅可供参考的地图,那么,社会只能用第二种尝试的方法去实践、摸索。可能要经历很多曲折,遭受很多磨难和痛苦,从疑惑中清晰,再从清晰中疑惑。这是一个漫长的过程,社会自身的整合与分裂、发展与后退,甚至混乱都有可能从中发生。

换句话来说,绘制一幅清晰、适宜的地图,正是摆在国家和社会面前的一项有效、便捷的方法。如何深入了解民众生活,在了解的基础上做出准确的判断,并根据社会发展的状况考虑社会不均衡差异等等因素,绘制出一幅适宜的、富有科学和人文精神的地图,将会有效解决和改善社会问题以及大众精神层面的迷失和混乱状态。

## 三　社会主义市场经济中的伦理建构

### 1. 社会主义市场经济体系中的道德

"市场经济作为一种工具,按技术性的规则来进行调节,其价值指向是理性的经济目标的实现,本质上是人与自然的关系,而人与人的关系与此不同,主体间的交往目的是达到主体间的理解和一致,交往行为更注重的是理性的价值判断,主体与客体的关系应服务于主体间的关系。但是,随着商品经济的发展,经济运行系统逐渐独立,表现为市场机制,理性化的经济系统摆脱原有的交往规则和价值观念,开始在金钱和权力交往媒介下自律地运行。经济系统反过来又干预和破坏生活世界的文化机制,使其脱离了对以理解为基本方式、以达成共识为基本目的的交往理性的价值追求。于是从社会统一方面,就出现了社会失序和社会冲突的加剧。"[1]

1936年,凯恩斯发表了《就业、利息和货币通论》,提出要抛弃过去自由放任的政策,扩大国家对市场经济的干预职能。一方面,国家通过经济手段干预经济生活;另一方面,通过法律和道德影响经济生活。经济的稳定和增长要受控于法律和道德对市场经济活动的规范作用。而目前对于整个世界经济体系来讲,都进入一种政府调节和干预的体制中。政府指导经济并与经济相互作用,以谋求经济的增长和经济的人道化,从而实现自由、平等和效率。在经济效益最大化的同时,要渗入道德在市场经济中的作用。

这种政府和市场共同起作用的混合经济,是各国应对纯粹市场经济而导致经济危机所采取的防御措施。政府干预的方式一种是法律式的,命令式的,一种就是道德式的,社会价值导向式的。

市场经济作为一种资源配置的手段,与相应的社会制度相结合。对于我国来说,市场经济一直受国家和政府社会价值观的引导和控制,是社会主义政策、法律和道德导向下的市场经济。而作为社会主义市场经济,意味着市场经济活动的导向是服务于社会主义的目的。而社会主义的目的是以政府和社会组

---

[1] 陈晓雷:《法律运行的道德基础研究》,黑龙江大学出版社2014年版,第79页。

织的行动保证社会成员的平等和享有相应的物质资料。社会主义的导向要求在组织形式和道德规范方面，更多地介入市场经济的运行，渗入社会主义的道德价值判断。从而更合理、自然、公平地进行社会生产、交换和分配。

2. 社会主义道德对法律的补充和完善作用

由于现代法学对现代法治的批判，人们对社会问题的反思，在现代文明建立的社会基础上，人们现代化的目标下，社会上不断出现的战争、掠夺、冲突、环境保护、贫富差距等问题，挑战着人们对法律的确定性、普遍性和公正性的怀疑。

人们重新审视现代社会、审视现代社会法治，对法治有了不断质疑、更新的认识。中国社会曾经一度认为社会经济秩序混乱、社会秩序不稳定、社会风气不良、文化市场混乱等现象，都可以用不断完善的法制建设来解决，各种社会问题只要用法治都会迎刃而解，对西方法治社会的宣传几乎达到了神化的程度。然而，从西方法治社会出现的种种弊端分析，"法治作为解决社会的药方，如果处方者不清楚其副作用的话，很可能对所要解决的病状用过量或用量不足，结果就达不到所希冀的目的"[①]。

"尽管法律是一种必不可少的具有高度裨益的社会生活制度，它像人类创建的大多数社会制度一样也存在着某些弊端，如果我们对这些弊端不引起足够的重视或者完全视而不见，那

---

① 陈金钊：《走出法治万能的误区——中国浪漫主义法治观的评述》，《法学》1995年第10期。

么它就会发展成为严重的操作困难。"① 因此，坚持法治与德治相结合，是我国的一项治国方略。

中国现代化法治建设中一方面要面对传统文化的断层；一方面要面对后现代思潮反理性主义的冲击，前行的道路十分艰难。这种复杂的社会境遇也给治国方略的选择提供了多种借鉴和优选的机会。将法治与德治结合起来，"社会控制的主要手段是道德、宗教和法律"②。法律和法制提供一种确定的、可预测性的秩序准则，用道德范畴的原则性共识来补充完善法律的缺陷，克服法律带来的消极因素，二者互相支撑，灵活运用，使法制的一元和形式与德治的多元和实质性结合起来，取得相得益彰的效果。

"从法律的角度来看，动机与精神状况往往是很重要的，而反过来看也是如此，道德并非对行为漠不关心。不表现为道德行为的善意或会产生不道德的或有害的无意后果的高尚动机，都很难被视为社会道德的有意义的表现。"③

法律的制定本身是基于一定的法理和道德文化精神的。"伦理体系得以建立，乃是源于有组织的群体希望创造社会生活的起码条件的强烈愿望。制定社会道德原则，是为了约束群体间的过分行为、减少掠夺性行为和违背良心的行为，培养对邻人的关心，从而增加和谐共处的可能性。"④ "法律乃是我们道德生

---

① [美] 博登海默：《法理学：法哲学及其方法》，邓正来、姬敬武译，华夏出版社1987年版，第388页。
② [美] 庞德：《通过法律的社会控制、法律的任务》，沈宗灵、董世忠译，商务印书馆1984年版，第9页。
③ [美] 博登海默：《法理学：法哲学及其方法》，邓正来、姬敬武译，华夏出版社1987年版，第360页。
④ 同上。

活的见证和外部沉淀。""这种融合道德洞见和政治洞见为一体的可能性和必要性并不能完全消除内在的和外在的、个人的和社会的这两种类型道德中的某些不可调和的因素。这些因素既为持续不断的混乱局面推波助澜,又使人类生活丰富多彩。"①

3. 建立良好的道德伦理秩序是和谐社会的需要

尼布尔说:"对人类社会中所存在的问题进行现实的分析,揭示出这样一个长期存在并且表面上看是难以调和的冲突,即社会需要和敏感的良心命令之间的冲突。由于道德生活有两个集中点,故而使这一冲突不可避免。一个集中点存在于个人的内在生活中;另一个集中点存在于维持人类社会生活的必要性中。从社会角度看,最高的道德理想是公正;从个人角度看,最高的道德理想则是无私。"②

"如果任何实现公正的非理性手段不用道德良知加以控制,则它的运用就不可能不对社会造成巨大的危害;仅仅作为公正的任何公正,不久都会变质而失去公正性。"而对于无私道德理想的实现,若不进行一定的社会交往,不在集体生活的现实中实现沟通,这种道德理想也只不过是空谈。一方面,道德行动者以无私作为道德最高准则,认为私欲的寻求在一定程度上败坏了他原本被社会认可的地位。另一方面,社会将公正作为最高道德理想,为所有人寻求机会的均等。因此,以利益对抗利益,对侵犯邻人权利的行为加以限制,从而实现社会的平等与公正。"道德理性主义通常会导致某种功利主义。它是从社会观

---

① [美]莱因霍尔德·尼布尔:《道德的人与不道德的社会》,蒋庆、王守昌、阮炜等译,贵州人民出版社1998年版,第202页。
② 同上书,第201页。

点来考察人类的行为并寻求某种道德的善与整个社会和谐的最终目标。"为此，在社会公正的秩序下，维护合理的利己主义。"最高的道德是'利己感情'和'自然感情'的和谐。"[1]

---

[1] ［美］莱因霍尔德·尼布尔：《道德的人与不道德的社会》，蒋庆、王守昌、阮炜等译，贵州人民出版社 1998 年版，第 203 页。

# 第九章　诚信伦理的文化性融合

"一个社会系统存在于一种情境中，彼此互动的许多个体行动者中，它至少具有一种物质的或环境的面向以及由'满足最大化'倾向激励的行动者。行动者们与情境的关系，包括他们彼此之间的关系，根据一种在文化上结构化的、共享的符号系统来确定和调解。"①

目前，中国社会正处于过渡阶段。虽然封建传统的伦理秩序已经被普遍性地打破，残留在人们观念中的一些陈旧思想不时地出来作祟，为新秩序的建立制造着阻碍和摩擦。但走向科学、公正理想的城市文明已经开始蹒跚起步。传统文化中的优秀思想依然作为最具凝聚力的文化力量在社会上发挥着积极的作用。无论是依然以家庭为单位的伦理秩序建立的基础，还是倡导的以社区为基础的伦理秩序建立的新样态，都在城市文明逐渐发展、消费文化繁盛的社会形态中逐渐延续和形成。越来越与世界接轨的中国人，在保有自身文化传统的基础上，吸收和接纳先进的文化思想，用融合的观念寻找适宜的契机，为中国社会的发展提供着理论支持。

---

① ［美］瑞泽尔：《古典社会学理论》，王建民译，世界图书出版公司北京公司2014年版，第456页。

由于社会的过渡性，社会思想的多元性越来越多地呈现在人们的社会生活和日常交往之中。例如，作为传统伦理秩序的基本元素——家庭，本身就呈现了多元化的样态。越来越多的年轻人不愿意或者没有寻找到合适的伴侣而在本该组建家庭的年纪，没有组建家庭。相应的，他们就失去了在某一方面承担社会责任的机会。这是基于原有传统社会伦理秩序改变而引发的一种社会现象。人们以更加独立、自主、理性的姿态应对多元化的社会存在，这些多元化的社会现象也将社会催促到新的伦理秩序之中，以更加文明、科学、自主的文化样态，来阐释和规范社会伦理道德及文化秩序。

## 一 消费时代文化的伦理性整合

### 1. 消费时代的文化秩序

作为一种生活主张，消费主义的一个后果或者特点就是"欲望的完整性分裂"。消费社会通过商品和服务的更新，不断刺激和产生着欲望。同时，又以各种花样掩盖着这种诱惑甚至欺骗消费者的手段。对于刺激消费的群体甚至消费者本身来说，他们对这种一方面希望消费行为实现；一方面又深知这种行为的愚蠢和背后隐藏的陷阱甚至欺骗。这就是消费社会普遍存在的一种欲望的完整性分裂的现象。

欲望，本是一种缺乏，被表达为 need 和 want。在消费主义的盛行下，消费行为已经完全不是为了满足 need，而是凭空被设计了种种 want，而这种 want 成功地牵制了人的欲望，让人沦为欲望的奴隶。又或者不是奴隶，仅仅是一种游戏，人们乐在其中，与其为伴。消费主义就这样把人的欲望从 need 中分裂出来，使人成为 want 的忠实粉丝。使人在追求 want 的过程中，不断构成和实现一种"行为的引诱式反叛"，以此不断触发消费者和社会的反叛点。

消费主义作为一种社会形态，是一种"体制的秩序性混乱"。它一方面不断制造混乱性的主张，生产混乱性的场景，让消费者在一种混乱的假象中被迷失、被诱惑；另一方面，又永远稳定和专注，在资本伦理秩序的逻辑体系中，只按照资本的本质要求，追求资本利润的最大化。"作为文化体制，消费主义是文化的一种想象性抵抗的培养者，没有比消费主义更能够主张这样一种悖论：它的抵抗性方案，同时必然也是想象性的解决现实矛盾的方案。在这里，消费主义时代的社会文化体制，常常有两种办法来解决它在现在政治层面上所遇到的问题。第一，用娱乐、晚会、大型开幕式、阅兵式解决政治认同困境；第二，把消费的欲望渗透到生活的点点滴滴当中，从而让人们不得不使用它创造的符号来维持自己的生活主张。"[1]

2. 社会整体价值的伦理性控制

帕森斯的社会系统理论旨在解决社会秩序的问题。他认为：①社会系统必须是结构化的，与其他系统能够相互兼容。②社会系统为了延续下去，必须具有来自其他系统的必要支持。③系统必须满足其行动者的大部分需要。④系统必须引起其成员的充分参与。⑤它必须至少对潜在的破坏性行为给予最低限度的控制。⑥如果冲突极具破坏性，必须被控制。⑦为了存续，一

---

[1] 陶东风、周宪：《文化研究》第 14 辑，社会科学文献出版社 2013 年版，第 35 页。

个社会系统需要一种语言。①

帕森斯认为,必须从动机结构和价值取向上把握行动者,将二者合二为一,融为一体。这种取向模式构成的行动,必是工具性的、表意性的、道德性的之一性。社会化机制与社会控制机制。文化系统通过向行动者提供某种公共文化资源,才使行动成为可能。共同的情景定义是互动得以在最小的阻力下进行。

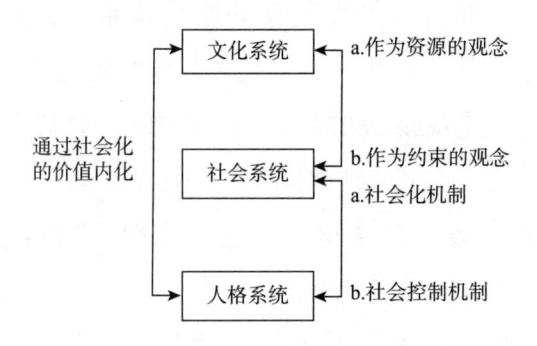

**图4　帕森斯行动系统中的整合概念②**

帕森斯认为,社会行动的基本行动包括行动者、目的、情境和规范。行动者是一种主观意识,这种主观意识决定了行动目的。它的行动的一切条件和手段,通过可控因素控制和发生情境,并受不可改变因素的约束和限制。而规范则是行动者被允许的行动方式与范围。

3. 社会权力的合法性伦理

"正如,金钱拥有'价值',是因为在标准化的交易模式予

---

① [美]瑞泽尔:《古典社会学理论》,王建民译,世界图书出版公司北京公司2014年版,第457页。

② 许晓芸:《嬗变与回归:农民闲暇生活的逻辑:基于西北黄土高原上河村的实地研究》,中国政法大学出版社2014年版,第109页。

第九章 诚信伦理的文化性融合

以使用的'共识',所以权力作为一种实现集体目标的手段,是通过社会成员的同意使得领导地位合法化并给予处于这一位置的人授权以制定政策、执行决定从而促进社会系统目标的实现。帕森斯强调,这样的概念与这一领域占主导地位的更普遍的零和概念不一致。在帕森斯看来,'如果受到统治的人一定程度上信任他们的统治者',系统的总'量'就会扩大。这个过程与经济领域的信用产生过程相似。个人'投资'于他们'信任'的统治他们的人(在选举中,投票使某一政府拥有权力),这样被授予权力的人启动新的政策以有效促进'集体目标',这就不仅仅是权力的零和循环流动。每个人在这个过程中都有所得。'投资'于领导的人因集体目标的有效实现而获得回报,反过来再增加他们的投资。只有拥有权力的人采取非'常规'的管理决策之时,系统才可能没有净增益。"[1]

## 二 社会伦理秩序的融合性发展

1. 伦理秩序与道德主体

"人的本性使人生来就具有一种使人与其同伴相处的天然联系;甚至在人与他人相冲突时,人的自然的本能冲动会促使人去考虑他人的需要。"[2] 人因此本性而进入人与人的关系网之中,在这种人与人之间建立的交往关系的网络中,有一种遵循共同

---

[1] [英]吉登斯:《政治学、社会学与社会理论:经典理论与当代思潮的碰撞》,何雪松、赵方杜译,上海人民出版社2014年版,第154—155页。
[2] [美]莱茵霍尔德·尼布尔:《道德的人与不道德的社会》,蒋庆、王守昌、阮炜等译,贵州人民出版社1998年版,第2页。

意识的秩序原则，使得进入这种关系网中的人都愿意遵守。个体的人愿意遵守的道德意志之间确定了这种依靠原则建立的伦理关系，使得个体的人成为道德主体并在这种肯定的社会伦理关系中得到身份的确认而成为此种伦理关系中的伦理主体。当然，随着社会的发展，道德主体的概念已非仅仅局限于人类。

"道德主体要实现形式和内容的统一，就必须接受伦理实体、伦理秩序的陶冶、限制和保护，以达到和伦理秩序的统一，把伦理秩序看作实现自己目的的途径或方式。这样一来，伦理实体这个他物对道德主体来讲就不是他物了，道德主体也就提升为伦理主体。"[①] 伦理主体表现为一定伦理秩序中普遍意志与特殊意志的一致性和道德主体意志在其承担的伦理义务与所获伦理权利的一致性。道德主体在自律的基础上，把外在与内在相统一，表现为道德主体在社会行为中的实践性功能。道德主体将内外社会和自然、意志与行动相融合的表现，是伦理秩序有序成形的特点。

当然，道德主体的主体意志以及所承担的伦理义务及享有的伦理权利会随着时代的变化而变化，不断产生冲突和矛盾。没有固定的伦理秩序是最好的秩序样态，它总是在矛盾与冲突中不断更新、变得合理又在新的矛盾冲突中变得不合理。伦理秩序总是以一种前瞻性和滞后性相矛盾又统一的方式存在于社会伦理体系中。在不断定义、更新、调整的状态中，维系着道德主体的伦理关系。

2. 伦理秩序与民族文化

对于中华民族来说，敬畏"天道"，重视礼仪、仁教、敬仰

---

① 任丑：《伦理学》，中国农业出版社2015年版，第107页。

## 第九章 诚信伦理的文化性融合

上善若水的包容、润化万物的道德之心，崇尚天行健的刚毅、宏硕，承载地势坤的忍耐负重，都是民族性格的典型特征。在以儒家伦理文化为主体的传统文化中，代表中华民族性格特点成为传承民族文化、延续民族文明的伦理核心。随着历史不断发展，这种逐渐积累和形成的民族经验，虽有一些不可避免地被打上了明显的时代和历史烙印，成为一种保守的、过时的力量，但其阐释真理、触碰本质的优良部分则依然成为延续民族文化和民族精神的核心。这些核心的部分能超越历史时空的界限，成为新文明积累的原始部分。这一部分内容有着强有力的道德认同力量，是概括中华民族精神、凝聚民族团结的精髓。

正如西方文化崇尚科学精神一样，中华民族崇尚"天道"。这种根深蒂固的"人在做、天在看"的道德烙印，或多或少地影响和概括着中华民族的民族精神。在中国人的概念里，这种"天道"，是一种类似宗教信仰的"神"的存在。但是它又不直接指向某一种"神"，而更倾向于一种万事万物发展变化的规律。从伏羲八卦开始，中华民族的精神特征里就有了这种对于天道追寻的精神。这是中华民族的原始的理性精神，这种理性精神带领中华民族，在遭遇了种种历史变迁、分合、死生的轮回后，依然保有一种自然、冷静、容纳和是非伦理的判断。用一种潜移默化的理智力量，带领中华民族走向一种圆融、贯通、规律的道法自然的、善的伦理境界。相信在当今的社会潮流中，中华民族的文化特征和民族精神依然能在这种沉着冷静中，以理智的创新、智慧的传承，从传统中汲取精华，依托时代的特点，寻找契合中国社会发展的道路。

### 3. 伦理秩序与技术发展

在人类发展的历史长河中，技术参与现实的建构，对一定时期内的社会现实有着统摄性的作用。随着技术的发展，技术规定并改变着人与自然、人与社会的关系。技术本身有其内设的特性和对现实的解构与建构。"技术所展示的效应不仅是在技术作为物的层面对人类生存的架构，更深层的是对人本质的渗透。"[1]

"技术是中性的吗？如果我们去看机器的基本结构和它的工作原理，答案似乎是肯定的，但如果我们去看围绕机器的人类活动，这包括机器的实际使用，机器作为社会地位象征符号的作用，燃料及其零部件的供给，组织化的车道，机器占有者的技能等，答案明显是否定的。"[2] 技术性的存在，但人作为主体性的存在不单纯地是被技术促逼的，每个人都有一种价值选择驱引下的躯体标记。人类社会在某一时期所形成的价值选择，作为人对自然现象和社会现象所作的质的评价，具有规范人的社会行为的能力。"技术仅是一种手段，它本身无所谓善恶。所有的一切取决于人从中造出什么，它为什么目的而服务于人，人将其置于什么条件下。"

当技术悄悄潜入人类活动的各个领域，从对DNA的复制操控到人类对宇宙太空的不断探索，人类的存在样态及发展已经完全与技术融合在一起，并尽力使自身的进化速度跟上技术的发展进步。这是人与技术相结合的时代，是继农耕与放牧文明、工业化及国家文明、信息化及全球化文明之后的第四个阶段。

---

[1] 闫宏秀：《技术过程的价值选择研究》，上海人民出版社2015年版，第88页。
[2] 同上书，第90页。

第九章　诚信伦理的文化性融合

在这个阶段，人自身的进化与技术的进步同步发展，人成为机器的一部分，机器也成为人的一部分。

众所周知，机器人已经全面进入人类的日常生活，成为人类存在的组成部分。各种电子零件在医学等各个领域的运用，使得人与机器的结合越来越紧密。技术的因素无处不在，智能的进化无处不在，社会的维度不断扩展，技术的样态和功能越来越趋向于类人化。

"随着机器人变得越来越自动化，电脑控制的机器面临伦理抉择这一话题正在由科幻领域转而进入现实世界。社会需要寻找各种方法以确保这些机器比 HAL 更好地做出道德判断。"[1]"随着自控机器变得越来越精巧和越来越普及，它们到头来注定会在某些无法预知的情况下面对生死攸关的抉择，所以就应该——至少似乎应该——设立道德代理人。军工系统目前在'圈内'就有人工操作者，但随着机器变得越来越复杂，这种做法很可能应用到圈外，届时机器将会自行执行指令。"那么，机器就会带来一种道德困境。

"无人机应该对据称隐匿着一位属于打击目标的人物但也可能对住着平民的民居发起攻击吗？无人驾驶汽车应该为避开行人而突然改变方向，致使有可能撞上他车或伤到车主吗？机器人应该在救灾中将有可能引起骚乱的真相公之于世吗？这样的问题已经催生了机器道德这一话题，意在使机器人具有做出合

---

[1] 王世伟、俞平、轩传树：《国外社会信息化研究文摘》，上海社会科学院出版社 2015 年版，第 724 页。

理选择的能力,换句话说,就是让它们能辨是非。"① "越来越多的决策将来自能自学、能自我调整的软件和机器。在 IBM 的沃森系统、自动真空吸尘器、学习型恒温器和自动驾驶汽车中已经能看到这类软件。"② 例如,艾萨克·阿西莫夫提出的"机器人三大定律",它要求机器人要保护人类、遵守秩序、保护自己。伦理体系一旦被植入机器人,其所作的判断就必须符合大多数人的判断。伦理学家与工程师合作,将伦理原则注入机器的程序,是未来技术发展的必然方向。

## 三 诚信伦理整合的叙述艺术

1. 诚信伦理的时代性整合

人类历史上曾有过三种诚信观念力量推动着社会进步,一种是功利论诚信观;一种是德性论诚信观;还有一种义务论诚信观。功利论诚信观将诚信视为经济交易中的利益问题,利益的实现即为诚信的满足。诚信是达成目的的一种工具或手段。德性论诚信观认为诚信是个体内在完善的品质,是获得实践的内在利益的一种获得性品质。诚信是价值追求的目的,而不是达到其他目的的手段。义务论诚信观把诚信作为人们应无条件履行的义务,在社会制度层面上强调正当优于善。③

在消费社会,因为社会资本与利润分配的多元化,使得社

---

① 王世伟、俞平、轩传树:《国外社会信息化研究文摘》,上海社会科学院出版社 2015 年版,第 725 页。
② 同上书,第 70 页。
③ [美] 麦金太尔:《德性之后》,龚群译,中国社会科学出版社 1995 年版,第 277 页。

会权力话语倾向于多元化。对于诚信本身的概念理解，也出现了多元化现象。人们对于诚信道德、诚信伦理秩序的阐述没有统一的标准，仅仅将其分散在相对的话语境域中，在某一个特定的条件下，诚信道德成立，在另外一个境域中，诚信道德便不成立。道德主体也因此而表现出混乱与无序的道德特性。这样的无序与断裂使得社会伦理体系陷入一种分裂、零散，缺乏统一的评价和反馈状态中。致使道德行为无法有效实践，而非道德行为无法得到监管与控制。

网络化时代似乎让人们窥见了改变这种混乱状态的契机，理论家和学者以及经济家们，正在利用数据管理和控制体系，从网络平台的管理体系入手，整合这种社会伦理和道德资源，使得社会伦理体系在统一的标准和评价中得以形成。

2. 社会信任机制的体系化生成

在消费社会，信任不再是基于对社会环境熟悉的一种经验性判断。以往，熟悉的世界是相对简单的世界，这种简单，在一定范围内能够得到保证。熟悉是一种连贯的、没有陌生穿插的生命体验，是信任的前提，也是不信任的前提。而对于现代社会来说，熟悉与信任的关系已经随着社会秩序的复杂化而复杂化。"对于信任的需要，这种需要越来越不迎合熟悉。在这些环境中，熟悉和信任必须寻求一种新的相互加强的关系，这种关系已不再是建基于一个即刻经验到的，为传统所保证的，邻近的世界上。对这种关系的保证不可能再是通过把陌生人，敌人以及不熟悉的人排斥在某些界限之外来提供。这时，历史不再是可回忆的经验，相反，只不过是一个预先确定的结构，

## 消费社会诚信伦理秩序构建的可能性思考

这种结构是信任社会系统的基础,信任必须参照这些系统本身。"①

"信任需要大量的学习、符号化、控制和制裁等辅助机制,它以需要精力和注意力的方式构成经验的处理。"② 信任不是与生俱来的能力,是需要后天的培养和学习才能具备的。中国哲学文明自伏羲理性以来,即作为一种以诚信为核心,崇尚和平与包容,主张人本与秩序,激励奋发与创新的文明。传统儒学把"诚信"作为立身之本,纳入九德之中。所谓仁、义、礼、智、信;诚信保天下,无信失天下;修身处世,一诚之外更无余事;君子诚之为贵,等等思想皆表达了人们对诚信的推崇。传统的诚信道德观念,因从属于儒家思想的体系,经历代思想家注释、教化和实践,已经成为人们的一种思维和生活习惯,并以自觉习惯的延续力量影响和制约着人们的行为。而到了现代,诚信伦理生活逐渐从日常的生活层次扩展到了社会伦理秩序的层次上,从某种特殊的、个体性的诚信意义上升到普遍性的、公众化的社会道德层次,要求人们对诚信伦理概念做出社会公共伦理和制度伦理及伦理价值方面的更新和改变。即将传统的熟人间在经常性、有着血缘和地缘关系的区域内建立起来的诚信道德要求转变为普遍人与人之间的、基于契约信用的伦理制度层面的转化。尤其在信任能力普遍缺乏的今天,信任是一项需要学习的技能和品德,它增强了人们对于不确定性的承受力,并因着信任机制的逐渐形成,将社会伦理机制推向一种

---

① [德]尼可拉斯·卢曼:《信任:一个社会复杂性的简化机制》,瞿铁鹏、李强译,上海人民出版社2005年版,第21页。
② 同上书,第118页。

良性的发展中。

3. 诚信是社会系统预设的伦理性基础

"观看主体深受机器性媒介技术理性、工具理性和资本逻辑的控制，其审美在不自觉的状态中掉进了拟像的仿拟逻辑陷阱。只有深刻认识到这一点，我们才能为当代人冲破媒介镜像围城和虚拟文化蛛网找到现实的方法和路径。"[1] 在人与人的交往关系中，诚信正如婚姻关系中的爱情基础一样，把人与人联系在一起，增加人的安全感，使人在互相信任的基础上分享梦想与情感。每个人从小受教育时就被告知要做一个诚实守信的人，只是成长环境中他人的不诚实、不守信用的例子或加之在自身生命中的体验，使得人们对诚信有了复杂和不同的理解。自利性会使人们将守不守信与自身利益结合起来，因此表现出诚信与不诚信的参差不齐。

作为社会伦理秩序的规范准则，难免会违反行为主体的道德价值的规范准则，在矛盾和冲突发生时，社会伦理一般会立足于公正，在整体上遵循社会群体秩序，牺牲个体某些需求。个体德行立足于良知，人们依靠这种良知处理与他人和社会的关系，需参照社会整体利益与伦理规范。

"一个明智的政治家在他的群体利益明显地与人类整个共同利益处于不公平的关系情况下，几乎不会固执地为他的群体利益辩护。当他为了更高的群体相互之间的利益而牺牲当前利益时，他也并未犯错误。政治家不愿意这样做往往导致各个国家都粗暴轻率地维护眼前利益而置相互关系中的终极价值于不顾。

---

[1] 高字民：《从影像到拟像：图像时代视觉审美范式研究》，人民出版社2008年版，第18页。

然而，很明显，维护群体利益比维护个体利益所冒的风险更少。没有能力承担风险自然会产生一种博爱，其中包含的私利必然是相当明显的，因而，这种博爱也失去了道德的拯救性质。"①

---

① ［美］莱因霍尔德·尼布尔：《道德的人与不道德的社会》，蒋庆、王守昌、阮炜等译，贵州人民出版社 1998 年版，第 209 页。

# 第十章　结语

## 一

叶芝在《国王的智慧》中讲述了一个头上长了灰鹫羽毛的国王，他从小就被公认为是一个聪明的孩子，他具有这样一种智慧：

"小时候他对任何事情都充满好奇，而现在则忙于应付梦中出现的奇怪和隐晦的想法，找出那些恒久相同的事物间的不同之处和恒久不同事物间的相同之处。许多来自其他国家的人都来拜会他并寻求建议，……当他们倾听他说话时，他的话语似乎点燃了黑暗中的光亮，如同音乐般填满了他们的心。然而，唉，在他们返回自己的国度后，他的话语似乎变得虚无缥缈，他们所能记住的都太过奇怪和隐晦，因而不能帮助他们摆脱仓促忙乱的生活。的确有些人的生活从此改变了，然而他们的新生活却比不上过去的生活：其中有些人曾经有过很棒的奋斗目标，但是当他们听到了他的赞美，返回自己的国度后就发现自己曾经喜欢过的东西不那么可爱了，他们的武器在战斗中也变轻了，因为他教给他们，一根细小的头发便能判断对错。有一些人从未有过奋斗目标，他们只醉心于自家的幸福安康，而当他阐述了目标的意义和展示了更加伟大的目标后，他们发现自己太过软弱，自己的意志不足以应对苦难。还有一些年轻人，当他们听他阐述了一切之后，一些话语如同火焰在心中燃烧起来，这使得人间所有那些亲切的欢乐和交流都化成了无形，向四处散去，遁入了模糊不清的悔恨中。当有人问及他生活中的一些常见事情时，例如领土的纷争，走失的牲口，或者流血的处罚，他会向最近的人寻求建议，然而人们认为这只是出于他的谦虚，因为没有人知道这些事情已经远离了他，他的头脑已经被各种思绪和幻想填满了，这些思绪和幻想就如同军队在他的头脑中来回驰骋。更无人所知的是他的心灵迷失在如潮水般涌来的思绪和幻想中，在强烈的孤独寂寞中战栗发抖。"[1]

来聆听国王的智慧的人中，有一个外国的女子，他看到这个女子的时候，就爱上了她的美貌，然而，这个女子并没有因为他拥有这种智慧，而消除对头发中长着灰鹫羽毛的他的恐惧。就好像普通人对于难以理解的聪明绝顶的人，自然而然就会出现的敬而远之的感觉一样，这种感觉中夹杂着一丝无法理解、不能驾驭的恐惧和不安。

女子的恐惧令国王感到他生活在这样一群不是与自己同类的人之间，是一种错误。他决定放弃国王的位置，去寻找真正属于自己的生活空间，去寻找灰鹫的栖息和群居之所。我们身边总是有这样一类人，他们虽然和普通人、大众生活在同一个空间里，然而就是这样同一空间的共同生活致使他们在具体与

---

[1]  [爱尔兰] 叶芝:《玫瑰的秘密》，黄声华译，陕西师范大学出版社 2008 年版，第 91 页。

## 第十章 结语

抽象、短暂与永恒、此岸与彼岸，在存在与超越之间不断地徘徊、游走，被生存的种种问题所困惑。用恒久、普遍、真理性的眼光来审视和看待我们生存的空间，我们的空间是清新的、秩序井然的，还是凌乱的、颠三倒四的，是善主导的，还是恶横行的，是积极的、乐观的还是颓废的、虚无的。他们的思考往往都最直接地呈现和承载在自我——这个鲜活的、具体的，不断变换又持久维系的个体存在之中，然而同时，这种思考又是如此辽远地脱离和超越着自我的个体存在。他们都会寻找到一种最一般性的、根源性的眼光和角度来回答和定义种种盘旋在生命里的疑问和迷惑，都试图在最晦暗的存在之基中寻找到存在和存在方式，以及最好的存在方式的本质性询问，试图在寻找中发现那最根本和最自为的存在之光的来源，就好像飞蛾想要探究一团火的中央，是什么在燃烧，是什么使得燃烧在继续。

对于更多的大众和普通人来说，人们更多的思考只是源自于生存表面对自我的呈现，比如人们看到邻居老人或者自己亲人的死亡，自然会思考生命与死亡的关系，好奇死亡本身存在的意义，以及死亡现象带给人们的情感冲击时，该如何应对。人们需要这些问题的答案来维系生命存在的持续，否则就会像无头的苍蝇一样到处乱飞乱撞，像一张白纸一样对任何现象和过程都没有记载，人们就像散躺在海滩上的沙子，几千年来从来都没有构筑起自己的形象和诗篇。人们的生命意识和记忆力不允许生命成为毫无意义的散沙，人们总是在想办法构筑，把自我堆砌或者雕刻成一种艺术品、一栋建筑、一种标志。而智者、伟人、圣人与普通大众的区别仅仅在于，他们构筑的形象更高大、持久、美丽，而普通人因为缺乏了一定的想象力、建筑能力或者凝聚力而使得自我的构筑更普通、更低矮、更脆弱而已。

这就是伟大人物与普通人物的差别，但是作为存在者，他们承载着同样的东西，面临着同样的问题，仅仅是有的人对问题的解答付出更多、坚持的时间更长，而多数人在思考过后习惯于囫囵吞枣地给自己一个暂时看起来可靠的答案，之后就匆匆遗忘了。

当然人们明白，人们需要那种更持久的答案来支撑生命，需要明白存在的最真实的处境。人们需要在了解了真实处境之后，选择更适合自我存在的模式和方式，来获得自我构筑的最大满足。

"子适卫，冉有仆。子曰：庶矣哉！冉有曰：'既庶矣，又能何加焉？'曰：'富之。'曰：'既富矣，又何加焉？'曰：'教之。'"[1]

扮演教人者的角色的人总是少数，而多数人都是需要被教育的，需要被教的。即使是这些教育他人的人，这些在追寻真理的道路上走得更持久、更遥远的人，他们也终究是对存在的疑惑者，是存在浪潮里的普通一粟。当他们从真理的领域里走出来，面对世俗生活时，他们也同样是有缺憾的存在，就好像国王发现自己并不能得到所有人的爱和尊敬，他只不过是一个异类，他只能生存在他的族类之中。安然地相信某种真理、能够执着于某一种生活方式，总是会有取有舍，有对现实必然偏

---

[1] 李泽厚：《论语今读》，生活·读书·新知三联书店2008年版，第355页。

## 第十章 结语

颇的看法,绝对的全面和真实总是不能实现。在有限的思维和认识中,占据各自的位置,我们谁都不是那个国王,那个完美的能统治世界和国家的"王",我们只要被载以身体而存在,就在这个身体中承担着"在"的种种困扰和困境。

什么样的存在才是真正意义上的存在,世俗的大众化躯体的有限存在,还是人们冠以意义的领域,可以达到永恒的、超越的无限的真理层面的存在。尼采把人的存在分为两大阵营,超人和大众的,然而事实上这两大阵营可以相互通融和流动,大众也可以成为超人,超人也同样是大众,只不过超人显示出来的生命力更强大,大众更脆弱而已。而具备生命力本身是每个存在个体都具备的,仅仅是程度上的不同而已。存在本身作为一种客观事实而毫无争议地呈现着,只是这种呈现被冠以意义的问题就令人百思不得其解了。存在本身的呈现好像海德格尔思维本身一样冷静,众说纷纭的是如何呈现和如何呈现为好。那么说到底,存在在思维的概念里,在意义的范畴中,本质上就成了伦理学问题。

承受陷入真理思考的痛苦,有时候让他们想要回归到一种没有开化的、没有启智的懵懂凡人的状态,然而,那是再也没有办法回去的状态。就好像聆听了国王的言语之后,觉得自己的生活竟然没有过去美好了一样,进入真理性思考的人,生活从五彩缤纷变得灰暗。本来只看到现象的五颜六色令人感到新奇,一旦都明白了现象背后的东西,就变得木讷,了然无趣。就好像看到霓虹灯的孩子欢呼雀跃,而一个电工看到的只是那一根根并联的线路,或许毫无美感可言。但是人的生活却需要这种美感,这种只有表象才散发出来的美感,因为只有现象才是多姿多彩的，而抽象会不断地扼杀表象，最后追问到单一。从黑格尔抽象的绝对理念演绎了世间万物，世间万物通纳于绝对理念以后，哲学就开始在绝对理念中解体，各种批判性的，解构性的，阐述性的思潮在现代性终结，在后现代的舞台上衍生着，成长着。各种学派就是在对绝对理念的批判基础上，重构和寻找存在的"美感"，存在的多样性和差异性。

## 二

"泰坦尼克号"的沉没，使得人类的理性、文明、精确的计算被颠覆和淹没在茫茫无尽的存在的浩渺海洋之中，人类的生存状态从被建构和规划的理性设计中，又重新回归到无常的、不能被预期的存在状态。现代性思维中人的主体、本质性的地位在后现代主义中遭到了质疑。人的存在重新被抛入了未知的神秘领域，从理性的、计算的、科学的工具试验中退席，精神崩溃的人们在后现代主义中首先表现了一种癫狂，一种对科学计算、理性判断的反抗和挣扎。人们对用现代性统一的、便捷式的理性设计普遍出现了反感，咒骂现代性社会中的人类存在是工具性、奴隶性的存在，咒骂现代性建筑设计为毫无生命力、冰冷的棺材。追求个性化存在、多样化存在，打破一体式宏大叙事的后现代主义活跃起来，伴随着悲观主义、存在主义、虚无主义、怀疑主义、享乐主义等一系列的社会思潮的风靡，后现代主义的思索冲击着古典和现代的思维模式。即使它自身依然是一个无法自我澄清的矛盾体，但是在它自我追问与澄清的过程中依然闪现着时代的真谛和进步的光芒。

# 第十章 结语

有人说，后现代时期是现代化时期的延续，并没有断裂，也非真正的超越，此种意义上的超越也仅仅是基于人们对现时代的理解和反思。因为人们依然在用理性来思考着一切。也有的人说，界线一旦被打破才能称其为界线，而在另一种存在的意义上它也被颠覆成一种不存在，后现代与现代就是被划分了这样一种界线，一种超越又延续、打破又继承，站立在后现代主义立场上的人们不再像现代主义立场的人们那样，用理性的工具规算着自我和他人，甚至整个世界的秩序、成长模式，勾画着存在的模型，用最便捷、统一的框架归纳整个存在的领域，然而打破总是在存在的基础上被赋予了的，存在本身就有打破被规划、被约定、被束缚的天性，理性同样约束不了存在本身，这就是自由主义之所以被更多的人所认可的原因。存在似乎指向一种无法规定的、自主选择的自由，并且人们正在这条貌似通往自由选择的道路上奔跑。当然接触过真实生活、做过自我选择的人们都知道，具体的选择永远不可能达到纯粹的自主自由，只是我们能够自我决断，因势利导、自我判断，这是自由主义所崇尚的自由。

时代进入后现代的生存空间和时间，人们的生存方式因为人类科学技术的发明和发展，生命存在本身发生了无法估量和预测的变化，各种技术的研究使得人类存在方式被颠覆的可能性越来越增强。一种超越时空的、颠覆了传统存在模式的存在正在被发生着。人们运用网络、电子等媒介已经超越了空间的限制，在地球上网络被覆盖的地方，人们都能通过这些媒介随时可以看到对方和对方视频、通话，互相协商共同工作，交流情感。高速公路、铁路系统、航天飞机等等的使用，使得人们在时空交错的瞬间，完成现代化生活的便捷，而后现代就是人们走入这样一种时空，进入可以是纯粹自我的、被隔离在真实人群之外的生存状态中。

人们可能在工作、学习中全部面对的是电子的产品、网络，人们没有人与人的对面接触，整天面对的都是共同生活在网络上的，一个空间、一个区域的陌生人，这些陌生人甚至距离我们真实身体的空间很近，在公共汽车上、火车上、飞机上，在电影院里，我们身边紧挨着的都是陌生人，这种陌生人的面对面使得对方成为透明人，视而不见，我们就是在这样的一群透明人中生活。我们用虚拟空间营造的性格、生活，与真实生活中的自我有着巨大的差异。没有传统的家庭生活，进入商品社会的人们依靠网络也能维系自我的日常生活，更多的网上购物、快餐、电子银行账号转账系统，等等，我们的甚至可以不用钞票，纯粹的电子数码就能够完成我们一切生活所需。

我们可以更换身体的部分，可以延长生存的时间，甚至可以用机器人来代替人。电脑、电子产品成了我们最大的依赖，和自己最亲密的人是手机，是私人电脑，离开了它们我们就被世界抛弃了，我们会感到孤立无援，在这个世界上不认识一个人。电脑上、网络上的朋友和熟人，在现实生活中其实都是陌生人。人作为存在的一分子，仅仅是一个参与者，而不是主宰者。人竟然是自己创造出来的电子时代中最脆弱的一个，因为人害怕孤独，电脑不会因为没有人使用而伤心，觉得寂寞。但是人却会因为没有电脑的陪伴，没有网络的陪伴而觉得无法忍受。

城市生活的陌生人使得我们的自我再也没有兴趣去认识身边的人，我们也不再敢试探、接触身边的人，充斥在网络上的

## 第十章 结语

各种陌生人危害令人担惊受怕，对陌生人的信任也降低为零。害怕被拒绝，害怕被嘲笑甚至害怕被欺骗，我们自己也把自己当作一个秘密封锁起来，封锁在一层一层的楼阁里，封锁在自己的车窗里。这些楼阁和车窗帮助我们脆弱、孤独的身体遮风避雨，给我们安全感和依赖感。我们爱它们胜过任何一个这个世界上同时存在的人。因为只有它们能忠实于我们，不欺骗我们，仅仅因为我们能用自己的技术和智慧掌控它们。

很多预言家、思想家、作家，都认识、预示到了科技发展对人类带来的侵害和危机。比如《云图》中讲到的未来人的出生是被克隆在类似于孵化的箱子里出生的。出生的复制人被限定在某一个领域内，做机械的、低等的工作。英国作家奥尔德斯·伦纳德·赫胥黎的《美丽新世界》也讲了未来世界由于科学技术的发展，人在作为胚胎的时候就被预订好了拥有什么等级的智力，注定以后做什么工作，这种被设计在理性和技术下的生命，从人的存在角度来看，还是不是一种自由生命？被标榜和灌输的真理显然成了一种奴化人的工具，所谓的自由不过是幸福的面具。他也在试图寻求一种更为合理的，被大多数人接纳的伦理存在的秩序，来使得整个社会的人们感觉到幸福最大化。然而，似乎他在自我肯定的基础上又否定了自己，我们人类依然继续在探寻更为正当、合理的伦理存在秩序的道路中摸索。旺盛的生命力总是不会安于现状，总是不会一劳永逸地得到满足，所谓的幸福都会被有思想和意识的自我质疑，总是在自我询问的道路上迈开我们好奇的、充满了冒险性又渴望安全的步伐。

21世纪以来，人类逐渐进入了崇尚消费的时代，只有消费

## 消费社会诚信伦理秩序构建的可能性思考

是成功和幸福的标志。消费越多,财富越多越彰显着地位的高级。物质的拥有成为幸福生存的一切标志,我们周围到处充斥着把对物质的拥有当作幸福的可悲的人。我们面临的首先是人的实存类型的转变,即人的生存标尺的转变。现代现象中的根本事件是:传统的人的理念被根本动摇,以至于"在历史上没有任何一个时代像当前这样,人对于自身如此地困惑不解"[①]。哲学对于生命本身的思考就是哲学为自身订立的永恒的主题,如何理解生命以及如何经营自我的生命,如何更好地存在,自然就成了历代哲学家们无法回避的话题。随着时代的发展,人类文明的积累和人类生存环境的变化,人类何以更好地适应环境,可以用自己的力量去改变和塑造更符合人类生存需要的环境,把人的存在本身放置在何种位置之上,都是人们对生存本身毫无疑问的追寻。

一方面,人类的智慧创造着如此巨大的成就;另一方面,人类的智慧对存在本身竟依然一筹莫展。除了信仰存在,人们没有办法对存在本身做一点安慰。日益的零乱和琐碎,淹没了人们对于本质的追问,哲学的询问更是被淹没在一片物欲熏心的潮流中。物质日益主宰了人类的生活,没有车不能走路,没有手机、网络不能交流,甚至和真实的人面对面地坐着,也会满心的恐慌,焦虑不安。人在自己制造的四四方方的水泥小屋里蜷缩了起来,把自己一个人锁在里面。各种情感日益被人们忘却,那曾经被亚里士多德长篇论述的友情,那累世歌颂的爱情,在现代社会中都表现得极为扭曲。物质的参与改变了生活方

---

① [德]马克斯·舍勒:《人在宇宙中的地位》,李伯杰译,贵州人民出版社1989年版,第2页。

式，也改变了人的性情。

在 21 世纪种种争议都指向了人本身存在的危机状态，以及这种危机状态的来源。人们正在试图努力扭转危机，用人自以为可靠的理性意识和自我的创造力。而关于社会公义、自由的秩序、正当性和欲望的个体的幸福存在等问题，被呈现在客观的社会关系和伦理秩序之中。现代性倡导的自由的、欲望的个体的实现成为不可能，社会公义从神建立的秩序中解除，在自我立法，民主的社会和伦理秩序里，社会公义和自由秩序的实现成为人们日益关注的问题。

## 三

齐格蒙特·鲍曼认为："后现代性（它不同于后现代主义文化，又是其合法的产物和继承者）并不寻求以一个真理替代另一个真理，以一个美的标准替代另一个标准，以一个生活的理想替代另一个理想。它代之以使这些真理、标准和理想破裂、被解构和将要被解构。它预先否定一切以及任何陷入那些被解构/证伪的规则而失去存身之处的论述之正当性。它以一种没有真理、标准和理想的生活锻炼自己。它常常为不够肯定，不是一直肯定，不希望肯定和轻视肯定性等诸如此类的东西，以及不愿在神圣正义和平和的自信等任何幌子下挥舞专制大刀而受到指责。后现代精神似乎谴责一切并一无所求。"[①] 更多的人是

---

① ［美］斯蒂芬·贝斯特、道格拉斯·科尔纳：《后现代转向》，陈刚译，南京大学出版社 2002 年版，第 24 页。

对所谓的大道和真理的一筹莫展、百思不得其解。对于这些普通大众认为没办法掌控的东西,人们多数选择退避三舍,后现代生存中对于人本身思考的一种逃避,使得这个时代的人们存在出现了巨大的畸形。福柯笔下的精神病患者、癫狂者,都是逾越了这种逃避的人,他们看到了这种界限的设定的虚妄,人的存在完全可以打破所谓的理性赋予的应该和人们所规诫的正常,从而陷入一种迷惑之中。就像从洞穴里跳出来的人,感受到刺眼的阳光之后,竟然无所适从,又逃离太阳,重返洞穴一样忐忑和纠结。

这些问题之所以被世世代代追寻,是因为这些问题始终是被争论、没有终极答案的问题。而哲学家们所能做的也只能是在自身的时代,做最深刻和冷静的思考,用自我思维探索的痕迹来向人类文明和人类发展表述,对于这些问题的看法和思考。就像董仲舒总结孔子所述春秋时代道德败坏,天下大乱的原因是"细恶不绝之所致也",谈及今日社会什么是道德秩序混乱的根源,说来总不外乎,传统伦理秩序的破坏和新的伦理秩序的建立,破坏已经成为事实,也是时代发展的必然,破坏作为一种需要而被历史所接纳,在维系历史的传承中,依旧被时代所认可的,需要重新学习和阐释的。

庄子《知北游》篇中借孔子之口说:"古之人外化而内不化,今之人内化而外不化。与物化者,一不化者也。安化安不化?安与之相靡?必与之莫多。"意思是说古代的人对外能够随着事物的变化而变化,表现出一种与外界圆融的和谐状态,内心却始终有纯真如一的内心稳固的本性、操守,变而不变。现在的人,因为自我内心不能保持纯真如一,显现在对外也表现为对外不能圆融、和谐相处，必然导致对外物的抵触、矛盾。就像一个成熟的，对人性世事看得透彻的人总是表现出一种理解、包容、平和的心态，对事物、矛盾也能应付自如，而一个还没有形成自我信念，对世事认识不清的人，总是觉得自我与外界满是冲突，不协调。

内心纯真如一的操守源自于冷静的观察和洞察真理的认知，无论是从古希腊、苏格拉底还是从中国的神话、诸子百家的争鸣开始，人类走过的是同样运用自我的思考来洞察和领悟存在事实和存在的秩序。到底是人为先还是物为先，人能不能认识物，物能不能反映人。人以何种姿态而存在，拿物来做参照还是拿抽象的理念来参照。

存在问题被海德格尔以诗意地安居的方式隐喻在人类的生长中，生生不息和存在本身就是一个不得不直面的问题，当然考虑存在就要考虑到存在以何种姿态，这种姿态表现在存在的表象中，就是秩序的问题。那么人的存在秩序就是伦理问题。

有人说现代社会哪里有秩序可言，更没有伦理可言。鲍曼也讲，没有伦理的时代，终究说存在没有秩序，就好像说存在没有显现一样让人觉得无法理解。我们或可以说这种存在的秩序被时代的因素冲击得显得凌乱，破碎，抑或是多变，但终归这种被破碎化的秩序本身还是存在的，就好像违背了真理的时代，真理也毕竟是存在的一样。只是我们如何来阐述和理解，甚或是把握这种秩序，它的走向和它潜在的秩序模式，就好像探索一个人的基因组合方式一样，我们探索人类社会存在的基因组合方式，就是用寻找社会伦理秩序的方式找到的。

如果单纯就现象来分析，中国目前的伦理秩序当然是：一方面传统的沿袭和破碎；另一方面对于西方的引进和学习。只是对于传统伦理秩序的沿袭和破坏都有所疏漏和偏颇，中国传统文化中不乏上乘功夫，只是今人因为文化的断裂而丧失了语境，而对于其中的中层、下层功夫略知一二就批判甚至是否定，而能真正沿袭中国传统文化上乘功力的又少之又少。同样，对于西方文化真正能够进入语境，领悟真谛的人，会明白东西方文化和传统虽有差异，却像所有上乘功夫一样，入而化境，随心而行。当然现象之表现为繁杂凌乱，我们总是需要从繁杂凌乱中来思考一种存在，一种被大多数人接纳的认可的存在状态。就像死亡的必须、劳累的可能、求富的心态，我们没有办法回避和否认。"子曰：富而可求也，虽执鞭之士，吾亦为之。如不可求，则从吾所好。"[1] 为了得到财富就是去做一个守门人我也愿意，但如果得不到，我还是选择做我自己喜欢做的事情。似乎相对于财富来说，做自己喜欢做的事情更加实际、贴近于现实生活。

"子曰：'富与贵，是人之所欲也；不以其道，得之不处也。贫贱也，是人之所恶也；不以其道，得之不去也。君子去仁，恶乎成名？君子无终食之间违仁，造次必于是，颠沛必于是。'"[2] 富与贵都是人们所渴望得到的，然而取得富与贵却是有一定道路的，这个道路符合了仁的特点，才是可取的，否则就是不可取的。孔子以他对于道的认识和体悟，用"仁"这个字概括了他所想要表达的道的含义。遵循"仁道"使得人的获取和得到变得正当、合理。而现时代的人们依然在思考着关于

---

[1] 李泽厚：《论语今读》，生活·读书·新知三联书店2008年版，第198页。
[2] 同上书，第110页。

"道"的问题，只是在时代的变换下，知识分子们寻找着另一个被称之为"仁"的符号来表达。什么是可求与不可求，什么是以其道得之，是伦理问题。这种问题不是智者对大众的欺骗，而是对大道的理解和通行，是圣人本身的自戒和领悟。在知识和智慧被更多的人所拥有的时代，更多的大众可以和圣人一样通过自身对存在的领悟来理解所谓的真理。

# 参考文献

## 一 学术专著

北京大学哲学系外国哲学教研室：《古希腊罗马哲学》，商务印书馆1961年版。

冯务中：《网络环境下的虚拟和谐》，清华大学出版社2008年版。

韩晶：《城市消费空间：消费活动·空间·城市设计》，东南大学出版社2014年版。

金毅强：《重思符号理论：符号过程的内在和外在机制研究》，浙江大学出版社2015年版。

刘东：《现代社会信息消费与信用文化》，载杜丽燕主编《中外人文精神研究》第7辑，人民出版社2014年版。

刘小枫：《沉重的肉身》，华夏出版社2007年版。

刘小枫：《现代性社会理论绪论：现代性与现代中国》，上海三联书店1998年版。

陆扬、王毅：《文化研究导论》，复旦大学出版社2015年版。

罗钢：《消费文化读本》，中国社会科学出版社2003年版。

莫伟民：《主体的命运：福柯哲学思想研究》，上海三联书店1996年版。

粟迎春、陈帆：《转型与嬗变：现代化进程中的少数民族价值观》，人民日报出版社2014年版。

孙明安、陆杰荣：《让·波德里亚与消费社会》，辽宁大学出版社2008年版。

汪民安、陈永国：《后身体：文化、权力和生命政治学》，吉林人民出版社2003年版。

王世伟、俞平、轩传树：《国外社会信息化研究文摘》，上海社会科学院出版社2015年版。

王小锡、华桂宏、郭建新：《道德资本论》，人民出版社2005年版。

王月红：《社会主义核心价值观与中国软实力》，中国经济出版社2014年版。

吴晶妹：《三维信用论》，当代中国出版社2013年版。

薛金福、李忠玉：《互联网+：大融合与大变革》，中国经济出版社2015年版。

袁靖华：《边缘身份融入：符号与传播 基于新生代农民工的社会调查》，浙江大学出版社2015年版。

张明仓：《虚拟实践论》，云南人民出版社2005年版。

张汝伦：《〈存在与时间〉释义》，上海人民出版社2014年版。

张贞：《"日常生活"与中国大众文化研究》，华中师范大学出版社2008年版。

赵玲：《消费合宜性的伦理意蕴》，社会科学文献出版社

2007年版。

周宪：《从文学规训到文化批判》，译林出版社2014年版。

## 二 译著

［美］南·艾琳：《后现代城市主义》，张冠增译，同济大学出版社2007年版。

［英］凯文·奥顿奈尔：《黄昏后的契机 后现代主义》，王萍丽译，北京大学出版社2004年版。

［美］艾尔伯特·鲍尔格曼：《跨越后现代的分界线》，孟庆时译，商务印书馆2003年版。

［英］鲍曼：《个体化社会》，范祥涛译，上海三联书店2002年版。

［古希腊］柏拉图：《理想国》，郭斌和、张竹明译，商务印书馆1986年版。

［古希腊］柏拉图：《裴多》，杨绛译，辽宁人民出版社2000年版。

［美］威廉·巴雷特：《非理性的人：存在主义哲学研究》，段德智译，上海译文出版社2007年版。

［英］齐格蒙特·鲍曼：《个体化社会》，范祥涛译，上海三联书店2002年版。

［英］齐格蒙特·鲍曼：《后现代伦理学》，张成岗译，江苏人民出版社2002年版。

［英］齐格蒙特·鲍曼：《后现代性及其缺憾》，郇建立、李静韬译，学林出版社2002年版。

［美］斯蒂芬·贝斯特、道格拉斯·科尔纳：《后现代转向》，陈刚译，南京大学出版社 2002 年版。

［美］瑞安·毕晓普、道格拉斯·凯尔纳：《让·波德里亚：追思与展望》，戴阿宝译，河南大学出版社 2008 年版。

［德］彼得·毕尔格：《主体的隐退》，陈良梅、夏清译，南京大学出版社 2004 年版。

［法］让·波德里亚：《消费社会》，刘成富、全志钢译，南京大学出版社 2000 年版。

［法］让·波德里亚：《论诱惑》，张新木译，南京大学出版社 2011 年版。

［法］让·波德里亚：《象征交换与死亡》，车槿山译，译林出版社 2012 年版。

［美］尼尔·波兹曼：《娱乐至死》，章艳译，广西师范大学出版社 2004 年版。

［美］博登海默：《法理学：法律哲学与法律方法》，邓正来译，中国政法大学出版社 1998 年版。

［法］尚·布希亚：《物体系》，林志明译，上海人民出版社 2001 年版。

［法］吉尔·德勒兹：《尼采与哲学》，周颖、刘玉宇译，社会科学文献出版社 2001 年版。

［法］马克·第亚尼：《非物质社会：后工业世界的设计、文化与技术》，腾守尧译，四川人民出版社 1998 年版。

［美］凡勃伦：《有闲阶级论》，蔡受百译，商务印书馆 2002 年版。

［英］迈尔·费瑟斯通：《消费文化与后现代主义》，刘精

明译，译林出版社 2000 年版。

［美］埃·弗罗姆：《占有或存在：一个新型社会的心灵基础》，杨慧译，国际文化出版公司 1989 年版。

［美］E. 弗洛姆：《健全的社会》，孙凯祥译，贵州人民出版社 1994 年版。

［美］弗兰西斯·福山：《信任：社会道德与繁荣的创造》，李苑蓉译，远方出版社 1998 年版。

［美］欧文·戈夫曼：《日常生活中的自我呈现》，冯钢译，北京大学出版社 2008 年版。

［德］哈贝马斯：《哈贝马斯精粹》，曹卫东选译，南京大学出版社 2004 年版。

［德］马克斯·霍克海默、西奥多·阿道尔诺：《启蒙辩证法：哲学断片》，渠敬东、曹卫东译，上海人民出版社 2003 年版。

［德］尤尔根·哈贝马斯：《交往行为理论：行为合理性与社会合理化》，曹卫东译，上海人民出版社 2004 年版。

［美］加耳布雷思：《丰裕社会》，徐世平译，上海人民出版社 1965 年版。

［英］安东尼·吉登斯：《亲密关系的变革：现代社会中的性、爱和爱欲》，陈永国、汪民安等译，社会科学文献出版社 2001 年版。

［美］戴安娜·克兰：《文化生产：媒体与都市艺术》，赵国新译，译林出版社 2001 年版。

［美］詹姆斯·W. 凯瑞：《作为文化的传播："媒介与社会"论文集》，丁未译，华夏出版社 2005 年版。

参考文献

［英］奥尔德斯·伦纳德·赫胥黎：《美丽新世界》，孙法理译，凤凰出版传媒集团、译林出版社 2005 年版。

［德］尼可拉斯·卢曼：《信任：一个社会复杂性的简化机制》，瞿铁鹏、李强译，上海人民出版社 2005 年版。

［法］拉康：《拉康选集》，褚孝泉译，上海三联书店 2001 年版。

［美］约翰·罗尔斯：《正义论》，何包钢、何怀宏、廖申白译，中国社会科学出版社 1999 年版。

［英］洛克：《人类理解论》（上册），关文运译，商务印书馆 1959 年版。

［德］弗里德里希·尼采：《超善恶》，张念东、凌素心译，中央编译出版社 2000 年版。

［德］弗里德里希·尼采：《权力意志：重估一切价值的尝试》，张念东、凌素心译，商务印书馆 1991 年版。

［美］R. T. 诺兰：《伦理学与现实生活》，姚新中译，华夏出版社 1988 年版。

［美］莱因霍尔德·尼布尔：《道德的人与不道德的社会》，蒋庆、王守昌、阮炜等译，贵州人民出版社 1998 年版。

［美］尼葛洛庞帝：《数字化生存》，胡泳、范海燕译，海南出版社 1996 年版。

［美］斯考特·派克：《邪恶人性：一个心理治疗大师的手记》，邵楠译，世界知识出版社 2003 年版。

［德］马克斯·舍勒：《价值的颠覆》，罗悌伦译，生活·读书·新知三联书店 1997 年版。

［德］马克斯·舍勒：《人在宇宙中的地位》，陈泽环、沈

国庆译，上海文化出版社1989年版。

［法］R. 舍普：《技术帝国》，刘莉译，北京：生活·读书·新知三联书店1999年版。

［荷兰］E. 舒尔曼：《科技文明与人类未来：在哲学深层的挑战》，李小兵、谢京生、张锋等译，东方出版社1995年版。

［英］丹尼斯·史密斯：《后现代性的预言家：齐格蒙特·鲍曼传》，萧韶译，江苏人民出版社2002年版。

［英］科林·斯巴克斯：《全球化、社会发展与大众媒体》，刘舸、常怡如译，社会科学文献出版社2009年版。

［英］亚当·斯密：《道德情操论》，蒋自强、钦北愚、朱钟棣等译，商务印书馆1997年版。

［英］亚当·斯密：《国富论》，高格译，中国华侨出版社2013年版。

［英］特里·伊格尔顿：《后现代主义的幻象》，华明译，商务印书馆2000年版。

［美］丹·希勒：《数字资本主义》，杨立平译，江西人民出版社2001年版。

饶尚宽译注：《老子》，中华书局2006年版。

# 三　学术论文

［法］勒内·贝尔热：《欢腾的虚拟：复杂性是升天还是入地？》，萧俊明译，《第欧根尼》1997年第2期。

陈赛：《一切皆游戏：联接现实与未来的桥梁》，《三联生活周刊》2017年第10期。

陈绪新：《诚信伦理及其道德哲学传统研究》，博士学位论文，东南大学，2006 年。

葛晨虹、朱海林：《伦理诚信与诚信伦理：兼论当前我国诚信建设的基本途径》，《江西社会科学》2006 年第 9 期。

彭亚非：《图像社会与文字的未来》，《文学评论》2003 年第 5 期。

王淑芹：《道德法律化正当性的法哲学分析》，《哲学动态》2007 年第 9 期。

王淑芹：《道德缘起条件的哲学分析》，《理论与现代化》2006 年第 1 期。